前沿科技视点丛书

汤书昆 主编

纳米科技

张立德 编著

南方出版传媒

全国优秀出版社 全国百佳图书出版单位 广东教育出版社

·广州·

图书在版编目（CIP）数据

纳米科技 / 张立德编著． — 广州：广东教育出版社，2021.8
（前沿科技视点丛书 / 汤书昆主编）
ISBN 978-7-5548-3432-9

Ⅰ．①纳… Ⅱ．①张… Ⅲ．①纳米材料 Ⅳ．①TB383

中国版本图书馆CIP数据核字（2020）第136971号

项目统筹：李朝明
项目策划：李杰静 李敏怡
责任编辑：严洪超
责任技编：佟长缨
装帧设计：邓君豪

纳米科技
NAMI KEJI

广 东 教 育 出 版 社 出 版 发 行
（广州市环市东路472号12-15楼）
邮政编码：510075
网址：http://www.gjs.cn
广东新华发行集团股份有限公司经销
广州市一丰印刷有限公司印刷
（广州市增城区新塘镇民营西一路5号）
787毫米×1092毫米 32开本 4.75印张 95 000字
2021年8月第1版 2021年8月第1次印刷
ISBN 978-7-5548-3432-9
定价：29.80元
质量监督电话：020-87613102 邮箱：gjs-quality@nfcb.com.cn
购书咨询电话：020-87615809

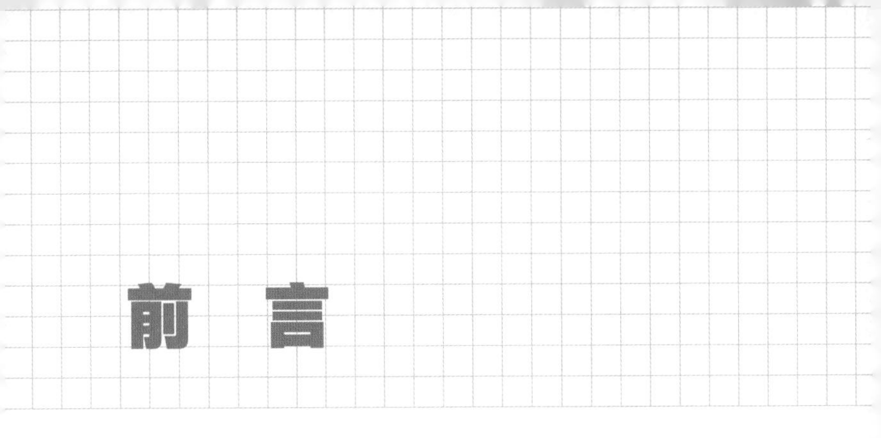

前言

自2020年起，教育部在北京大学、中国人民大学、清华大学等36所高校开展基础学科招生改革试点（简称“强基计划”）。强基计划主要选拔培养有志于服务国家重大战略需求且综合素质优秀或基础学科拔尖的学生，聚焦高端芯片与软件、智能科技、新材料、先进制造和国家安全等关键领域以及国家人才紧缺的人文社会学科领域。这是新时代国家实施选人育人的一项重要举措。

由于当前中学科学教育知识的系统性和连贯性不足，教科书的内容很少也难以展现科学技术的最新发展，致使中学生对所学知识将来有何用途，应在哪些方面继续深造发展感到茫然。为此，中国科普作家协会科普教育专业委员会和安徽省科普作家协会联袂，邀请生命科学、量子科学等基础科学，激光科技、纳米科技、人工智能、太阳电池、现代通信等技术科学，以及深海探测、探月工程等高技术领域的一线科学家或工程师，编创“前沿科技视点丛书”，以浅显的语言介绍前沿科技的最新发展，让中学生对前沿科技的基本理论、发展概貌及应用情况有一个大致了解，以强化学生参与强基计划的原动力，为我国后备人才的选拔、培养夯实基础。

本丛书的创作，我们力求小切入、大格局，兼顾基础性、科学性、学科性、趣味性和应用性，系统阐释基本理论及其应用前景，选取重要的知识点，不拘泥于知识本体，尽可能植入有趣的人物和事件情节等，以揭示其中蕴藏的科学方法、科学思想和科学精神，重在引导学生了解、熟悉学科或领域的基本情况，引导学生进行职业生涯规划等。本丛书也适合对科学技术发展感兴趣的广大读者阅读。

本丛书的出版得到了国内外一些专家和广东教育出版社的大力支持，在此一并致谢。

中国科普作家协会科普教育专业委员会

安徽省科普作家协会

2021年8月

目　录

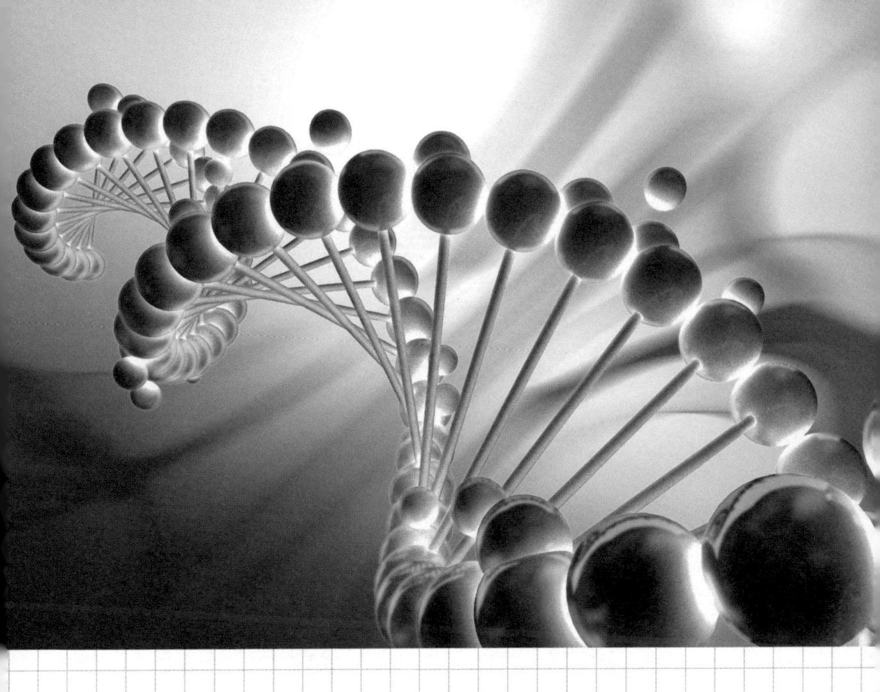

第一章　初识纳米

纳米技术非常神奇，它极大地方便了人们的生产和生活。然而，纳米技术并不神秘——中国古铜镜“水银浸”工艺就是一种纳米技术，人体内藏有多种“纳米材料”，海龟头部有纳米微粒，荷叶表面有纳米结构……自从1959年费曼（Richard Feynman）预言了纳米技术，1990年艾格勒（Don Eigler）和施魏策尔（Erhard Schweizer）用35个氙原子在扫描隧道显微镜下拼出了“IBM”字样以后，纳米技术逐渐为人们所认识，进而逐步形成了纳米材料和纳米技术产业链，手机芯片就是纳米技术的产物。

1.1
纳米材料

纳米（nm）是长度单位

2019年6月6日，中华人民共和国工业和信息化部（简称“工信部”）向中国电信、中国移动、中国联通、中国广电发放5G商用牌照，标志着中国正式进入5G时代。华为等公司全力支持运营商建好5G，5G手机将走进寻常百姓家。华为手机最大特点是搭载了7纳米多模5G芯片，采用了先进的均热板液冷技术和纳米石墨烯膜散热技术。华为搭载麒麟980、7纳米多模5G芯片，在指甲盖大小的面积里塞进了69亿颗晶体管。

◆7纳米多模5G芯片

什么是纳米？什么是纳米技术？

当被问到这样的问题时，大多数人会一脸茫然，摇头以对。

少数人会说：“纳米好像是一个长度单位，具体多长不清楚。”

也有一些回答令人忍俊不禁：“纳米是一种新品种的大米，味道不错，但价格不菲，可能最适宜炒着吃。至于纳米技术，大概就是如何炒这种米的技术。”……

那么，纳米到底是什么呢？

纳米是长度单位，1纳米=10^{-9}米。氢原子直径约为0.1纳米，非金属原子直径一般为0.1~0.2纳米，金属原子直径一般为0.3~0.4纳米；红细胞的尺度为几千纳米（即几微米）；蚂蚁的尺度一般为几百万纳米（即几毫米）。

纳米技术是20世纪80年代末期兴起的新技术，是人们在纳米尺度（1～100纳米）认识和改造自然，在分子水平对物性加以控制的技术。

古人用到的纳米材料

纳米技术神奇，但并不神秘，它与我们的日常生活息息相关。

生活中我们常常看到，点燃蜡烛时会冒黑烟。当用一块玻璃在烛焰上方来回移动时，烛烟会熏黑玻璃板，反复移动，就会为玻璃板“镀”上一层黑膜，这层“黑膜”便是我们自制的纳米产品。

其实，我们的祖先早就利用烛烟制成的炭黑作为墨的原料和染色用的染料。不过，当时的炭黑产品都是手工作坊式生产出来的，生产效率很低。公元6世纪，北魏贾思勰撰写的《齐民要术》中描述了炭黑的性质：“此物至轻微，不宜露筛，喜失飞去，不可不慎。”北宋沈括在著作《梦溪笔谈》中提出从石油中制取炭黑的方法，他指出这种炭黑“黑光如漆，松烟不及也”。1872年，炭黑工业正式规模化生产，近代炭黑工业进入快速发展时期。如今中国成为世界上炭黑主要产地，其中超细纳米炭黑产品已步入人们的生产和生活。

◆超细炭黑

中国古代的铜镜，因采用一种叫“水银渗”的工艺，虽历经千年而光亮如初。经过对其表面进行检验，发现它是由纳米二氧化锡（SnO_2）颗粒构成的一层薄膜，因而具有优异的稳定性。当代文物考古和文物修复领域的工作，不断揭示古人神奇技术背后的科学原理，其中纳米技术最为出彩。

◆中国古铜镜表面的防锈层为纳米SnO_2薄膜

司空见惯的纳米材料

人类体内有许多天然的“纳米材料”。例如，传递生命遗传信息的DNA（脱氧核糖核酸）是一条具有双螺旋结构的“纳米链”，“腺嘌呤”“鸟嘌呤”“胞嘧啶”和“胸腺嘧啶”四种碱基按不同的方式排列就构成了不同的遗传信息。

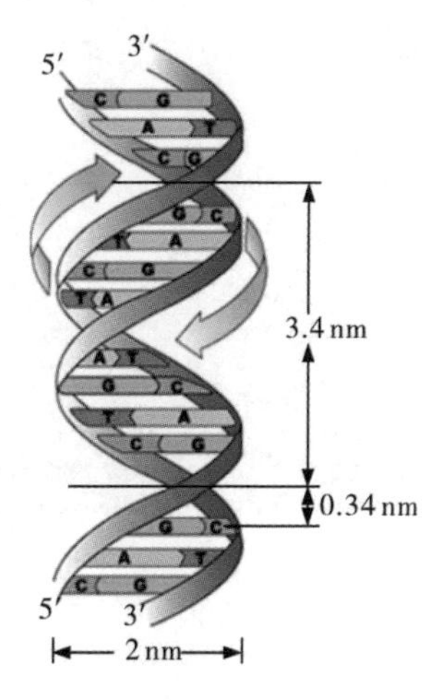

◆DNA双螺旋结构

人的骨骼是由纳米材料组成的。骨骼由无机物羟基磷灰石和有机物纤维性蛋白骨胶原组成，羟基磷灰石大约占60%，以一种长20～40纳米、厚1～3纳米的针状结晶存在，其周围规则排列着骨胶原纤维。

蜜蜂的腹部具有“罗盘”作用的磁性纳米微粒，为蜜蜂复杂的活动引领方向；海龟头部有磁性纳米微粒，海龟凭借这种纳米微粒进行“导航”，可准确无误地完成几万公里行程；螃蟹第一对触角里有几颗磁性纳米微粒，便拥有了几只定向的小“指南针”，亿万年前，靠着这种高精度的“指南针”，螃蟹的祖先可以正常地前进和后退。后来，由于地球的磁场多次发生剧烈偏转，久而久之螃蟹便开始横行。

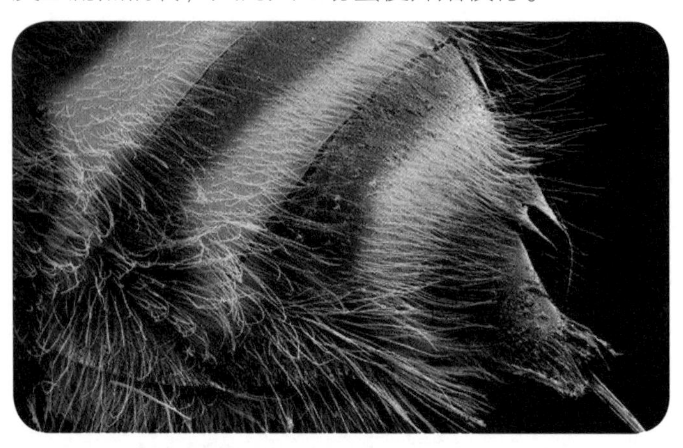

◆电镜下观察到的蜜蜂腹部

白云是由纳米尺度的小水滴形成的，雾是由空气中分散的纳米尺度的水滴形成的。在化学上，这种体系叫气溶胶。除了气溶胶外，还有液溶胶、固溶胶。如牛奶、肥皂泡沫、泥浆等是液溶胶，是在水中分散的纳米颗粒；珍珠、彩色塑料、某些合金等是固溶胶，是在某种固体里分散的纳米颗粒。

◆白云是纳米尺度的水滴群

孩提时代大家都背过：“鹅、鹅、鹅，曲项向天歌。白毛浮绿水，红掌拨清波。”为什么鹅在水中戏耍，身上的毛却不会湿呢？原来，鹅毛排列非常整齐，且毛与毛之间的间隙为纳米尺度，水珠无法穿透。其他可以浮水的禽类，如鸭等，羽毛也具有同样的功能。

荷叶表面有着复杂的纳米结构，在其表面形成极薄的空气层。灰尘、水珠落到叶面上时，与叶面之间隔着一层空气。水在自身表面张力的作用下形成水珠，水珠在从叶面上滚落的过程中把灰尘粘落，从而形成“自清洁”现象。

◆荷叶表面形成复杂的纳米结构

1.2 纳米技术

费曼及纳米预言

费曼出生于美国纽约，父母都是犹太人。父亲对他的成长影响巨大。他读幼儿园时，父亲专门为他买了一套瓷砖，教他认识形状、学习简单的算术原理。他上学以后，父亲就带他去博物馆，让他读《不列颠百科全书》，并耐心地为他讲解。父亲还教会了他怎样思考。父亲让他设想遇见了火星人，火星人肯定要问很多关于地球的问题，启发他逻辑思维的发展。这种家庭教育对费曼成才至关重要。

费曼17岁进入麻省理工学院，先后主修数学、电力工程和物理学。21岁本科毕业，毕业论文发表在物理学权威刊物《物理评论》（*Physical Review*）上，其中有一个后来以他的名字命名的量子力学公式。24岁获得普林斯顿大学理论物理学博士学位。25岁进入洛斯阿拉莫斯国家实验室，参加了曼哈顿计划，负责研制原子弹。27岁开始在康奈尔大学任教，34岁转入加州理工学院，直到去世。47岁时费曼因在量子电动力学方面的贡献与他人一同获得1965年诺贝尔物理学奖。

费曼的学术思想深邃，从曼哈顿计划到加州理工学院的教学中均有所呈现，他被认为是继爱因斯坦之后最睿智的理论物理学家。

1959年，费曼教授在题为“在底部还有很大空间”的演讲中，提出了一个新想法：从石器时代开始，人类从磨尖箭头到现代光刻芯片的所有技术，都与一次性地削去或者融合数以亿计的原子以便把物质做成有用的形态有关。费曼问道：“为什么我们不可以从另外一个角度出发，从单个分子甚至原子开始进行组装，以达到我们的要求？至少依我看来，物理学的规律不排除一个原子一个原子地制造物品的可能性。”正是如此博学深邃的费曼，提出了纳米概念，为纳米技术描绘了美好的蓝图。

1986年，被后人誉为“纳米技术之父”的美国工程师德雷克斯勒（K. Eric Drexler）更为通俗形象地阐述了费曼的思想。他说：“我们为什么不制造出成群的肉眼看不到的微型机器人，让它们在地毯上爬行，把灰尘分解成原子，再将这些原子组装成餐巾、肥皂和电视机呢？这些微型机器人不仅是一些只懂得搬原子的建筑‘工人’，还具有绝妙的自我复制和自我维修能力，由于它们同时工作，因此速度很快，而且廉价得让人难以置信。”

1990年，艾格勒和施魏策尔利用扫描隧道显微镜，将35个氙原子置于镍表面，拼出了“IBM”字样，从而证明了费曼的预言。

◆科学家在扫描隧道显微镜下拼出“IBM”字样

纳米技术的影响力

纳米技术起源于费曼的预言：用大工具制造出适合制造小工具的小工具，直到得到正好能够直接操纵原子和分子的工具，可以精确地按设计一个个地摆放原子。这种按设计摆放原子与分子的制造技术，将使创造新事物的可能性变得无穷无尽。纳米技术所研究的对象是人类过去从未涉及的介于宏观与微观之间的（介观）物质世界，从而开辟了人类认识世界的新层次。它使人们改造自然的能力直接延伸到分子、原子水平，将引起各个领域生产方式的变革和人们的生活方式、工作方式的改变。对于纳米技术，德雷克斯勒认为：“它不是小尺度技术的延伸，它甚至根本不该被看作一种技术，而应被看作一场认知革命。”

在未来，你也许会看到如下场景，正是纳米技术对人们生产、生活带来的变化所致。

场景一：某学者需要查一些资料，他就拿出块方糖大小的物体，插入计算机，结果整个国家图书馆的资料一览无余。这是因为纳米晶体管和芯片的尺度进一步缩小，使得计算机性能更加优越。

场景二：无论你走到哪里，都会看到蓝天上飘着朵朵白云，河水清澈见底，掬一捧送入口中，是那么甘甜。这是由于利用自下而上组装来构筑新的器件、制造新的物质成为纳米技术应用中一种重要的方式。

场景三：到遥远的北美旅行，当日即可往返，地球村变成现实。这是应用纳米技术将超高强纳米结构材料，用于制造海陆空领域所需要的新型交通工具及其相应的部件。

场景四：某人体检时被发现体内有3个癌细胞，大夫为他开了一片口服药，3天后，他去医院复查，发现癌细胞已经消失。

场景五：人的寿命大大延长，许多人都可以活到几百岁；家庭、社会、国家都改变了原有的意义，人类的思想观念受到极大挑战。

纳米技术对人文科学和社会科学各个领域将产生很大影响。人们必须以创新思维研究纳米技术对科学、教育、道德、法律等各个领域的影响，帮助我们认识潜在的问题，进行有效的干预。

纳米技术的“利刃”

随着越来越先进的观察仪器的诞生，人类对于物质的认识也越来越深入，小到肉眼看不到的细胞和分子、原子，甚至还希望借助这些仪器去搬动分子、原子。这些仪器就是显微技术、金相技术、生命科学乃至纳米技术得以发展的 “利刃”——显微镜。总体而言，显微镜分为光学显微镜和电子显微镜两大类，其性能特征如下表所示。

▲光学显微镜和电子显微镜的性能特征

项目	光学显微镜	电子显微镜
常用举例	双目体视显微镜 金相显微镜 偏光显微镜 荧光显微镜等	透射式电子显微镜 扫描式电子显微镜 反射式电子显微镜 发射式电子显微镜等
照明源	可见光	电子流
最高分辨率	0.1微米级	0.1纳米级
最高有效放大倍率	2000倍	200万倍
适用范围	可观察细胞形态、质壁分离，以及金属和矿物等不透明物体金相组织等	可分辨原子，能进行纳米尺度的晶体结构及化学组成分析等

试想，如果你要移动巨石，你需要吊车；如果你要搬动比较重的桌子，你会找人来抬；如果你要除去不慎扎入手中的小刺，你会用镊子。如果让你搬运原子、分子，你该怎么做？借助电子显微镜！

“工欲善其事，必先利其器。”拿着放大镜与镊子去操纵原子肯定是不行的。研究纳米尺度的物质，观测纳米尺度上的结构，只有借助电子显微镜才可以做到。常见的电子显微镜有发射式电子显微镜、反射式电子显微镜、透射式电子显微镜和扫描式电子显微镜等。例如，日本科学家饭岛澄男就是利用高分辨透射式电子显微镜发现碳纳米管的。

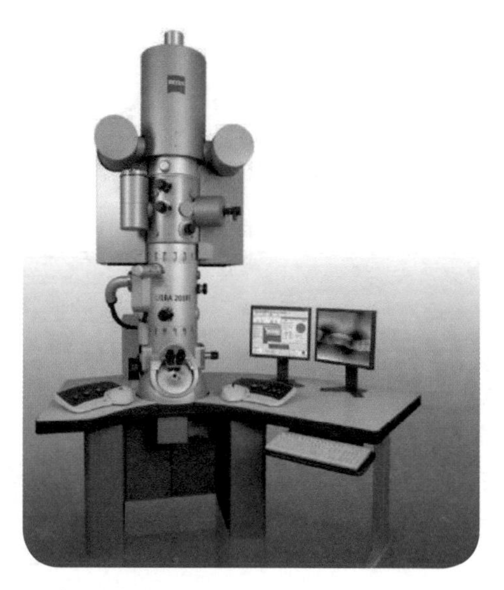

◆电子显微镜

扫描隧道显微镜和原子力显微镜的发明，为纳米技术的研究立下了汗马功劳。

★扫描隧道显微镜

扫描隧道显微镜是IBM苏黎世研究实验室科学家格尔德·宾宁（Gerd Binnig）和海因里希·罗雷尔（Heinrich Rohrer）及其同事于1982年研制成功的。扫描隧道显微镜的研制成功使人类第一次能够直接观测到物质表面单个原子及其排列状况，并且可以用于操纵原子和分子，这一发明被国际科学界公认为20世纪80年代十大科技成就之一，格尔德·宾宁和海因里希·罗雷尔因此获得1986年诺贝尔物理学奖。

扫描隧道显微镜的分辨率可以达到平行方向0.04纳米、垂直方向0.01纳米，它的研制成功为纳米技术的研究工作者添加了一把“利刃”。

◆扫描隧道显微镜

1990年，IBM公司的科学家利用扫描隧道显微镜直接操纵原子，成功地拼出了“IBM”字样，虽然他们搬动的是几十个原子，可是对全人类来说，却开创了人们按照自己的意志操纵原子的先河，开启了一扇通向未来的大门。

北京大学的科学家利用扫描隧道显微镜开展了热化学烧孔存储技术的研究。热化学烧孔存储技术是利用扫描隧道显微镜针尖的隧道电流使样品表面局部发热，诱导复合物表面发生局部热化学气化分解反应，从而在样品表面形成纳米尺度的孔，按一定的顺序安排孔就可以形成代表一定信息的信息孔阵。信息孔的孔径可小至9纳米，这种存储方式的面存储密度可达10^{12}比特/厘米^2，远远高于现在已经商品化的光盘存储技术。1993年，中国科学院北京真空物理实验室的科学家自如地操纵原子并成功拼出“中国”字样，标志着我国开始在国际纳米技术领域占有一席之地。

◆我国科学家操纵原子拼出“中国”字样

★原子力显微镜

扫描隧道显微镜虽然是一把“利刃”，但是它只能直接研究导体和半导体，对于绝缘体就无能为力了。为此，格尔德·宾宁、夸特（C. F. Quate）和格柏（Ch. Gerber）于1986年发明了原子力显微镜。与隧道显微镜相比，原子力显微镜应用范围更广，可以用于绝缘体的研究，但其分辨率比扫描隧道显微镜稍低。

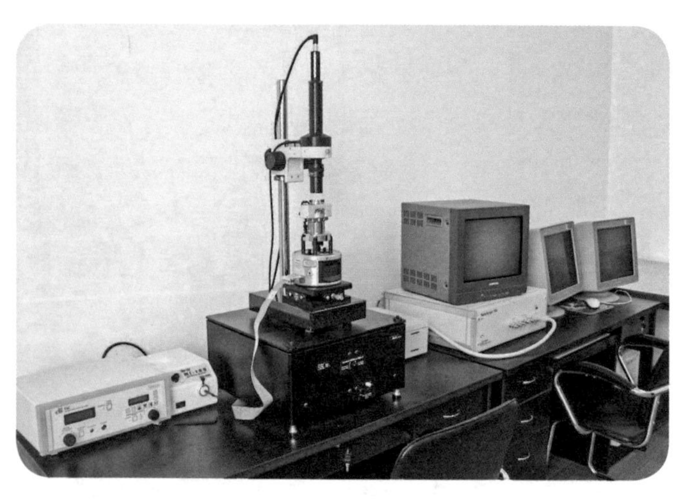

◆原子力显微镜

利用原子力显微镜也可以操纵原子或分子。改变原子力显微镜针尖与样品之间作用力的大小，就可以搬动样品表面的原子或分子，对蛋白质分子、碳纳米管等较大分子进行灵活操纵。

英国牛津大学的科学家于2000年在《自然》（*Nature*）杂志上发表文章，报道了他们在室温条件下成功地操纵铁表面的溴（Br）原子。这项工作表明人类对原子的操纵向实用性方向迈出了关键的一步。

我国科学家、现任中国科学院院长白春礼院士先后主持研制成功我国第一台扫描隧道显微镜和原子力显微镜，为我国纳米技术的研究工作奠定了物质基础。

2018年，中国科学院上海应用物理研究所与上海交通大学、南京邮电大学合作，基于DNA纳米技术发展了一系列DNA折纸结构并作为纳米力学成像探针，实现了原子力显微镜下对基因组DNA的直读检测和高分辨成像。基于DNA纳米折纸结构设计的探针为原子力显微镜的图像获取提供了精确的标尺和丰富的选择，为遗传分析等生物学应用提供了新的工具，有望应用于易感基因的发现、疾病相关基因的鉴定和药物设计等。

今天，科学家们利用这些“利刃”技术越来越高明了。我们有理由相信，人类随心所欲地操纵原子正变成一件越来越可能的事情。

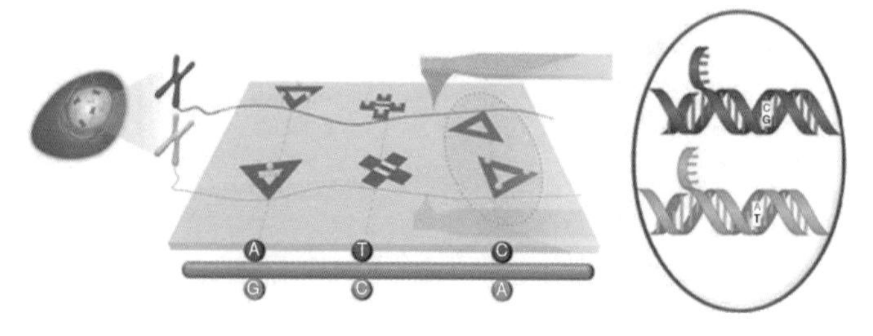

◆DNA折纸结构原理图

1.3 走进纳米时代

从石器时代到纳米时代

人们习惯以用什么样的材料制造工具来反映人类社会发展进步的过程。也就是说，人们经常用一种材料来命名一个时代。

当先民与猿告别之际，手中握着的是几块粗制的石器，这是人类文明的最初物证，同时也宣告了人类历史“石器时代”的到来。

◆石器

“石器时代”一直持续到大约公元前3000年，人们才开始使用青铜器。青铜见证了中华民族钟鸣鼎食的年代，也烘托出殷商时期“有虔秉钺，如火烈烈”的气氛。青铜在人类文明演进的过程中功勋卓著，“青铜器时代”轰轰烈烈，煊赫一时。

◆青铜器

公元前13世纪，炼铁技术有了较大发展，人类开始进入“铁器时代”。铁器逐步取代青铜器，人类在军事、农业、建筑、水利等领域都取得了长足进步。手握铁器的人类，面对变幻无常、凶险莫测的自然界，变得更为沉着、自信。

◆铁器

◆钢器

18世纪，蒸汽机的隆隆声响彻欧洲大地，现代炼钢技术迅速发展，人类进入了“蒸汽时代”。各种高性能钢材如雨后春笋般出现，钢材料成为日常生活中应用的主要材料，连战争中使用的武器也由刀剑变为钢制的枪炮，以材料为特征这一时代也可称作“钢器时代”。

◆单晶硅

20世纪中叶，人类进入了一个新的时代——计算机时代。1946年，世界上第一台计算机诞生，10年后集成电路研制成功。此后，约每隔18个月，计算机芯片的集成度就要翻一番，这使高纯度单晶硅材料成为时代的主角，因而这个时代也被称作“单晶硅时代”。

人类文明史表明：每一个时代都有其代表性的材料。

那么，21世纪代表性的材料会是什么呢？答案是——纳米材料。从这个意义上说，人类已经走进了

“纳米时代”。

需要指出的是，与石、铜、铁、钢、硅有所不同，纳米材料不是指具体哪一种物质构成的材料，而是代表一类材料、一系列性能优异的材料。

纳米材料家族

纳米材料家族庞大，按照材质，可分为金属纳米材料、无机纳米材料、有机纳米材料等；按照几何结构，可分为零维纳米材料（颗粒）、一维纳米材料（纳米管或纤维）、二维纳米材料（薄膜）、三维纳米材料（纳米块体）；按照用途，可分为功能纳米材料和结构纳米材料；按照特殊性能，可分为纳米润滑剂、纳米光电材料、纳米半透膜……

这里仅按几何结构的不同对纳米材料加以归类介绍。

★纳米粉末

零维纳米材料，是由空间三维尺度均在纳米尺度的纳米颗粒、原子团簇组成的纳米粉体，又称为超微粉或超细粉，是一种介于原子、分子与宏观物体之间，处于中间物态的固体颗粒材料，可用于高密度磁记录材料、吸波隐身材料、磁流体材料、防辐射材料、单晶硅和精密光学器件抛光材料、微芯片导热基片与布线材料、微电子封装材料、光电子材料、先进的电池电极材料、太阳能电池材料、高效催化剂、高效助燃剂、敏感元件、高韧性陶瓷材料、人体修复材料、抗癌制剂等。

纳米粉末开发时间最长、技术最为成熟，是纳米材料的基础。

★纳米纤维

一维纳米材料，是在三维空间中有两维处于纳米尺度而长度为微米尺度甚至为宏观量的新型纳米材料。纵横比（长度与直径的比）大的称作纳米丝，纵横比小的称为纳米棒，呈管状结构的称为纳米管[①]。这类纳米材料可以用于高强度材料、微导线、电子探针、微光纤（未来量子计算机与光子计算机的重要元件）、场发射、储氢材料、新型激光或发光二极管材料等。

★纳米膜

二维纳米材料，是在三维空间中有一维在纳米尺度的超薄膜、多层膜、超晶格等。纳米膜分为颗粒膜与致密膜。颗粒膜是纳米颗粒粘在一起，中间有极为细小的间隙的薄膜。致密膜是指膜层致密但晶粒尺度为纳米级的薄膜，这类纳米材料可用于过滤器材料、气体催化（如汽车尾气处理）材料、高密度磁记录材料、光敏材料、平面显示器材料、超导材料等。

---

① 本书把长度小于1微米的纳米丝称为纳米棒，长度大于1微米的称为纳米丝或纳米线。

◆纳米膜

★纳米块体

三维纳米材料，是内部富含纳米结构并且具有纳米材料的性能，但是三维方向都超过了纳米范围的一些材料，如多孔材料等。纳米块体是将纳米粉末高压成型或控制金属液体结晶而得到的纳米晶粒材料，主要用于超高强度材料、智能金属材料等。

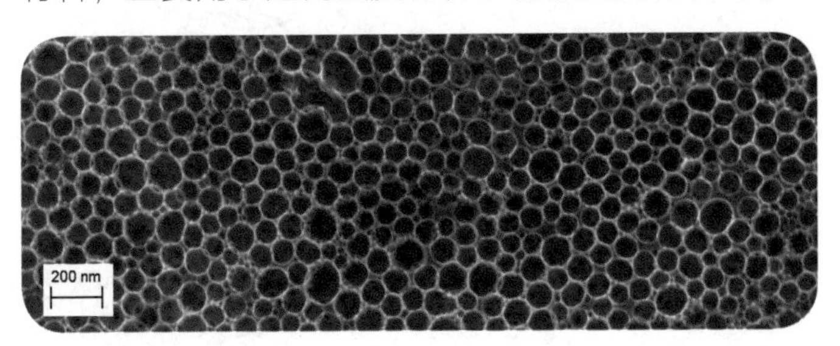

◆多孔材料

纳米材料品质

纳米材料具备许多传统材料不具备的奇异特性。

★轻质高强

与传统材料相比，纳米结构材料的力学性能有显著的变化。一些材料的强度和硬度成倍提高，比如粒径为6纳米的铜纳米材料的硬度比粗晶试样增长了5倍，粒径为8纳米的纳米铁多晶体的断裂强度比常规铁高12倍。

由碳纳米管做成的碳纤维理论强度为钢的100倍，密度只有其六分之一，直径1毫米的细丝足以承受20多吨的重量。使用这种材料，甚至可以建造一架通向太空的“天梯”。

有一些汽车采用了一种特殊塑料来制作前挡泥板，如发生碰撞弯曲后能够自动恢复原状，这种特殊塑料中就添加了碳纳米管，从而既有弹性又具有极高的强度。

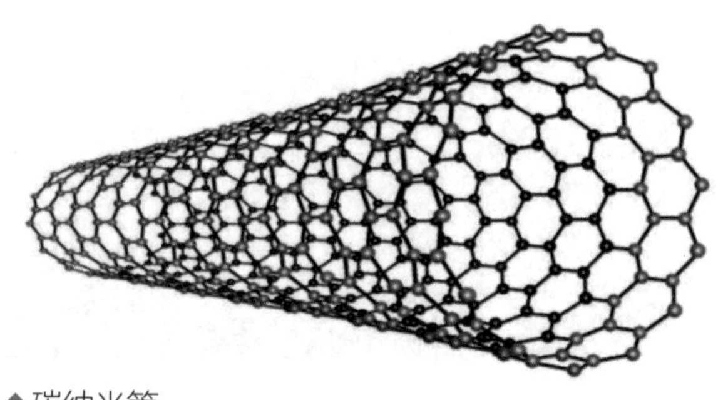

◆碳纳米管

2017年11月，加拿大先进聚合物加工技术、微孔塑料制造技术及应用领域首席科学家、多伦多大学机械与工业工程系主任帕克（Chul B. Park）教授的原位成纤纳米新材料项目在青岛国际院士港启动。原位成纤纳米新材料的使用让产品外壳更加轻薄、体积更小、强度更高，制造成本也会降低，具有完美的抗腐蚀性和更好的导电导热属性，而且环保。这种材料主要涉及汽车、家电、户外产品、自动化的可穿戴设备以及电子设备，该项目是国际工程塑料研究的重大突破与创新。多伦多大学新材料实验室和青岛原位成纤纳米材料实验室，推进原位成纤和轻质高强度PP+PET项目的研究与创新，在青岛中试及生产基地实现了该项目的产业化。

★坚硬柔韧

一般常规材料，硬的材料就会脆，而韧的材料又较软。如何才能使材料既坚硬，又柔韧呢？

陶瓷是人类最早使用的材料之一，中国的陶瓷更是世界闻名。陶瓷具耐高温、耐腐蚀、耐磨损、耐老化等优点，但是，陶瓷也有一个显著的缺点，那就是它的脆性。

英国剑桥大学教授卡恩（Robert W. Cahn）指出，纳米陶瓷是解决陶瓷脆性的战略途径。

德国萨尔大学和美国阿贡国家实验室先后研究成功纳米陶瓷氟化钙和二氧化钛，在室温下显示出良好的韧性，在180℃时弯曲而不产生裂纹，为致力于陶瓷增韧的材料学家带来了希望。

利用纳米技术开发的纳米陶瓷材料是指在陶瓷材料的显微结构中，晶粒、晶界以及它们之间的结合都处在纳米水平（1～100纳米），各向同性的界面附近很难发生位错塞积而产生应力集中，从而大大降低了微裂纹的出现与扩展，使得材料的强度、韧性和超塑性都大幅度提高，克服了工程陶瓷的许多不足，对材料的力学、电学、热学、磁学、光学等性能产生重要影响，为替代工程陶瓷的应用开拓了新领域。

纳米耐高温陶瓷粉涂层材料是一种通过化学反应而形成耐高温陶瓷涂层的材料。纳米陶瓷克服了陶瓷材料的脆性，使陶瓷具有金属一样的柔韧性和可加工性。高性能纳米复合硅基陶瓷可制成能在高温、磨损、腐蚀、氧化等苛刻条件下工作的产品，如纳米复合陶瓷轴承、化工高温耐磨密封件、纳米复合陶瓷刀具等。

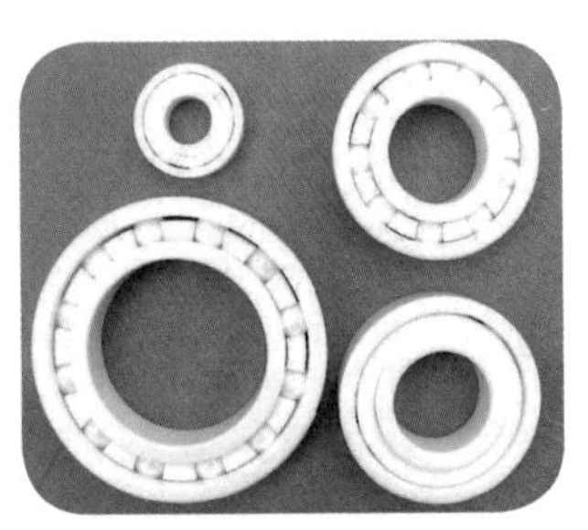

◆纳米复合陶瓷轴承

★强催化性

随着构成材料的微粒尺寸的减小，材料的表面积将急剧变大。

一个边长为a的正方体，如把它切成8个边长为$a/2$的小正方体，每一个正方体将增加3个新表面，该物体的表面将是原来的2倍。以此类推，一个1厘米的物体如果变成10纳米的粉体，它的表面积将增加一百万倍。表面积成倍增大，表面原子也成倍增多，反应物之间接触的机会也成倍增加，反应速度就会成倍增加。正因为如此，纳米材料在催化反应中具有重要作用，纳米微粒很可能给催化在工业中的应用带来革命性的影响。

将通常的金属催化剂如铁、钴、镍、铂等制成纳米微粒可以大大提高催化效果。粒径为30纳米的镍可以把有机化学中的加氢和脱氢反应速度提高15倍。通过光催化从水、二氧化碳和氮气中提取有用物质，如燃料等，这一直是人们研究的重要课题。

◆高活性纳米催化剂

日本科学家利用纳米铂作为催化剂负载到氧化钛的载体上，在加入甲醇的水溶液中通过光照射成功制取了氢，产出率比原来提高几十倍。

2015年，中国科学院山西煤炭化学研究所煤转化国家重点实验室覃勇研究员团队，利用原子层沉积

（Atomic Layer Deposition，ALD）技术设计制备出一种多重限域的Ni基加氢催化剂。与未限域的催化剂相比，多重限域的Ni基催化剂使肉桂醛以及硝基苯的加氢催化反应的活性、稳定性得到显著的提高。

2018年，中国科学技术大学合肥微尺度物质科学国家研究中心曾杰教授课题组与湖南大学黄宏文教授合作，通过精细调控铂基催化剂的维度、尺寸、组分，研制出超细的铂镍铑三元金属纳米线催化剂。由于该纳米线的直径仅1纳米，其表面铂原子占整体铂原子比率高于50%，展现了超高的原子利用率，为更高的催化质量活性提供了结构基础。这个纳米线催化剂的质量活性是目前商用铂碳纳米催化剂的15.2倍。同时，这种催化剂在氧气环境中循环使用10 000次后，只有12.8%的催化质量活性损失。相较于目前商业铂碳纳米催化剂，碳负载的超细铂镍铑三元金属纳米线催化剂在质量活性和催化稳定性方面都有显著的提高，具有很好的应用潜力。

★防腐性

珍贵的文物因时间的流逝而黯然失色，实在是一件令人惋惜而又无可奈何的事情。科学家们发现将纳米材料用于文物保护，可有效地解决这一长期困扰人们的难题。

西北大学科研人员发现，利用溶胶与凝胶相结合的方法，将新研制的纳米材料制成一种透明的胶体，涂在文物表面，可以形成一层保护膜，使文物与外界隔离，可有效地防止虫菌对文物的侵蚀，有利于文物的长期保护。如果把这项成果用于秦兵马俑保护，可使其永葆本色。在文物周围涂上这种纳米材料，还有利于降低空气中有害物质的含量。这种纳米材料除了可以对陶质文物进行保护外，还可用于丝绸和书画等文物的保护。

2018年，西北工业大学纳米能源材料研究中心用水溶液方法巧妙地合成了“氢氧化钙/石墨烯量子点”杂化纳米材料。该材料颗粒约为80纳米，尺寸均匀，并且对壁画颜料具有很强的黏附性，具备抗紫外线的能力。更重要的是，由于石墨烯量子点的增强作用，氢氧化钙纳米材料完全碳化成一种稳定的方解石相，这对于壁画加固十分重要。几年来，该中心与陕西省考古研究院、陕西历史博物馆等单位“强强联合”，取得了壁画保护材料新突破，成功将研发材料运用到3处著名唐墓壁画的加固中，取得了良好效果。他们还研发性能更加优异的壁画保护材料，进一步扩大这些材料的应用范围，探讨这些材料在诸如石质文物、纸质文物、骨质文物等文化遗产保护中的可能性。

环境科学领域出现了功能独特的纳米膜，这种膜能够探测到由化学和生物制剂造成的污染，并能够对这些制剂加以过滤，从而消除污染。

★巨磁电阻效应

巨磁电阻效应是指材料的电阻率在有外磁场作用时较无外磁场作用时发生显著变化的现象。它是一种量子力学效应，产生于层状的磁性薄膜结构（几纳米厚）。这种结构是由铁磁材料和非铁磁材料薄层交替叠合而成。当铁磁层的磁矩相互平行时，载流子与自旋有关的散射最小，材料有最小的电阻；当铁磁层的磁矩为反平行时，与自旋有关的散射最强，材料的电阻最大。

1988年，德国优利希研究中心彼得·格林贝格尔（Peter Grünberg）领导的研究小组在具有层间反平行磁化的铁/铬/铁三层膜结构中发现了微弱的磁场变化导致电阻大小急剧变化的现象，其变化的幅度比通常高十几倍。随后，法国的费尔（Albert Fert）在铁/铬相间的多层膜电阻中发现同样的现象。2007年10月，费尔和格林贝格尔因分别独立发现巨磁电阻效应而共同获得2007年诺贝尔物理学奖。

费尔1938年3月出生于法国南部小城卡尔卡索纳，1970年在南巴黎大学获博士学位，1976年开始担任南巴黎大学教授。自1995年以来，费尔一直担任法国国家科研中心与法国泰雷兹集团组建的联合物理实验室科学主管，并于2004年当选法国科学院院士。格林贝格尔1939年出生于比尔森，1969年在达姆施塔特技术大学获博士学位，1972年开始担任德国优利希研究中心教授，荣获2016年度中国政府友谊奖。

在室温下具有巨磁电阻效应的巨磁电阻材料目前已有许多种类，例如多层膜巨磁电阻材料、颗粒型巨磁电阻材料、氧化物型巨磁电阻材料、隧道结型巨磁电阻材料等。

随着研究的不断深入，纳米材料的新特性、新功能将不断被发现。

纳米材料的制备

纳米材料的制备方法多达数十种，实际工作中可以根据具体情况优化选用。下表给出了常用的几种，供读者参考。

▲纳米材料的常用制备方法

方法	制备方法	方法描述
物理方法	真空冷凝法	用真空蒸发、加热、高频感应等方法使原料气化或形成等粒子体，然后骤冷。其特点是纯度高、结晶组织好、粒度可控，但对技术设备要求高
	物理粉碎法	通过机械粉碎、电火花爆炸等方法得到纳米粒子。其特点是操作简单、成本低，但产品纯度低、颗粒分布不均匀
	机械球磨法	采用球磨方法，控制适当的条件得到纯元素、合金或复合材料的纳米粒子。其特点是操作简单、成本低，但产品纯度低、颗粒分布不均匀

（续表）

方法	制备方法	方法描述
化学方法	气相沉积法	利用金属化合物蒸汽的化学反应合成纳米材料。其特点是产品纯度高、粒度分布窄
	沉淀法	把沉淀剂加入盐溶液中反应后，将沉淀热处理得到纳米材料。其特点是简单易行，但纯度低、颗粒半径大，适合制备氧化物
	水热合成法	高温高压下在水溶液或蒸汽等流体中合成，再经分离和热处理得到纳米粒子。其特点是纯度高、分散性好、粒度易控制
	溶胶凝胶法	金属化合物经溶液、溶胶、凝胶而固化，再经低温热处理而生成纳米粒子。其特点是反应物种多，产物颗粒均一，过程易控制，适于氧化物和Ⅱ～Ⅵ族化合物的制备
	微乳液法	两种互不相溶的溶剂在表面活性剂的作用下形成乳液，在微泡中经成核、聚结、团聚、热处理后得到纳米粒子。其特点是粒子的单分散和界面性好，Ⅱ～Ⅵ族半导体纳米粒子多用此法制备

1.4
纳米经济

纳米技术的渗透力

纳米技术是当今世界的主导技术，有强大的渗透力，它对信息技术、生物技术、能源环境、医疗健康、航天交通、新材料和传统产业的发展乃至国家安全都将产生重要的影响。

◆纳米技术向各个领域渗透

信息技术：纳米技术作为促进信息技术和数码电子行业发展的关键驱动力，进一步提升了诸多电子产品的性能，如电脑、手机和电视等。利用纳米技术可将动态随机存储器和电脑中央处理器（CPU）制程精度缩小到70纳米、12纳米甚至7纳米；未来计算机的运算速度、显示器的灵敏度和清晰度都要大幅度提高。

生物技术：纳米技术将成为下一代生物技术的核心技术。人类基因组排序的完成，标志着人类对生命的认识进入一个新的层次，其中纳米技术起到了关键作用。基因的尺度为2.5纳米，将基因排序实际上是利用纳米技术构筑基因的纳米结构，在基因组排序的识别、信号提取和放大及对基因组图谱的分析中，纳米技术是不可替代的技术。

能源环境：纳米技术可促进可替代能源的发展，提高能源使用效率，并为环境治理提供新的解决方案，有助于环境保护事业。在传统的能源领域，基于纳米技术的方法或新型催化剂使得石油和天然气的开采以及燃料的燃烧变得更加高效，从而减少了发电厂、交通工具及其他重型设备的污染和能耗。

医疗健康：纳米技术对医疗和健康产业的影响日趋显著，并在药物输送、生物材料、造影、诊断、活性植入及其他医疗应用中得到了稳步发展。纳米孔基因测序技术的出现，有望大幅度降低基因测序成本并提高测序速度。石墨烯、纳米管、二硫化钼等纳米材料可用来制造支架，帮助修复或重塑受损的组织。

航天交通：航天飞行器采用轻质高强纳米材料和相应的纳米技术，大大减轻了航天器的重量，节省了资源，增加了燃料的携带量，使人造卫星和其他航天器的寿命提高几倍。

新材料：纳米技术为新材料研发开辟了广阔的空间。例如，纳米金属材料、纳米半导体材料、纳米陶瓷材料、纳米生物医学材料以及碳纳米管、石墨烯的不断涌现，丰富着纳米材料家族；纳米涂层技术更是极大改善了传统材料的功能，成为发展新材料的有生力量。

传统产业：纳米改性的金属陶瓷、塑料和橡胶，其强度、韧性和抗热震性均显著提高。纳米技术为功能涂层、功能塑料、功能纤维等新增产业链的形成奠定了基础。纳米催化剂在石油化工等领域应用前景广阔。纳米材料和技术已成功应用于家用电器产业。

国家安全：纳米技术对国家政治安全、国土安全、军事安全、经济安全、文化安全、社会安全、科技安全、信息安全、生态安全、资源安全、核安全、海外利益安全以及太空、深海、极地、生物等新型领域安全等都具有重要的意义，日益成为发展国家安全屏障的利器。

纳米产业链已形成

三十年来，经过欧盟、美国、日本、韩国、俄罗斯、加拿大、澳大利亚、墨西哥、以色列以及我国科学家、工程技术人员的不懈努力，相继形成了纳米产业，进而形成了若干个纳米材料和技术的产业链，极大地改变了世界产业格局和经济利益格局。

▲纳米材料和技术的主要产业链

产业链类别	产品举例
纳米粉体	纳米氧化物粉体（TiO_2、ZnO、Al_2O_3、SiO_2、ZrO_2、Y_2O_3、Fe_2O_3、SnO_2等），纳米硅基粉体材料（Si、SiC、Si_3N_4、SiO_2、SiN等），金属纳米粉体（Al、Fe、Co、Ni、Cu、W、Ta、Pd、Au、海姆等），超硬纳米复合粉体（WC-Co、TiC-Co、TiN-TiC、BC、BN及金刚石粉等）
纳米陶瓷	纳米电子陶瓷（压敏电阻、非线性电阻、纳米陶瓷电容和热敏陶瓷），纳米复合陶瓷（氧化锆和氧化铝纳米复合陶瓷、碳化硅和氮化硅纳米复合陶瓷等）
纳米工程塑料	纳米粉体、纳米纤维和纳米管强化的纳米工程塑料、蒙脱土强化的纳米工程塑料、既透明又导电的塑料、既透明又有磁性的塑料等
纳米功能纤维	杀菌、自清洁、阻燃、防静电、紫外屏蔽、红外吸收等
纳米涂层和纳米薄膜	微电子器件、纳米封装材料、纳米基板材料、吸波涂层、耐磨抗蚀涂层、抗菌保洁涂层、紫外屏蔽涂层等

（续表）

产业链类别	产品举例
纳米催化和光催化技术	有害气体和污水中有机物的降解、石油化工产业纳米催化技术、汽车尾气处理技术等
高能量密度纳米材料	纳米固体火箭推进剂、炸药中的纳米添加剂等
纳米磁性材料	纳米永磁体、巨磁电阻产品、巨磁阻抗纳米传感器、微磁性探测器、磁记录粉体和磁密封等
纳米药物	纳米超顺磁体、磁导航靶向药物、纳米氟碳人造血浆等
其他	纳米润滑产业、电子浆料产业等

纳米经济需要你

纳米技术的发展，将对经济发展产生革命性影响，最终导致“纳米经济”的到来。

科学技术高速发展，人人都得到了实惠。那些把握了时代脉搏的弄潮儿，成为新技术的最大受益者，成为时代的骄子。

18世纪以前，钢铁冶炼主要限于小作坊生产，价格昂贵，只用于高级机械和部分工具。18世纪，现代炼钢技术得到发展，钢铁广泛应用于铁路、机器制造等领域，大大促进了生产力的发展。美国的钢铁大王安德鲁·卡内基（Andrew Carnegie）认准钢铁技术的潜力，建立了当时世界上最大的钢铁厂，成为巨富。

计算机是我们日常生活中不可缺少的工具。我们经常在计算机上看到“Intel Inside”字样，那是说该计算机使用了英特尔的芯片。英特尔几乎成了计算机芯片的代名词。事实上，计算机芯片是由诺伊斯（Robert Noyce）发明的，他与摩尔（Gordon Moore）一起创立了英特尔公司。他们不断优化制造芯片的技术，使计算速度飞速提高。英特尔公司成为世界上最赚钱的公司之一，诺伊斯和摩尔成了亿万富翁。

比尔·盖茨（Bill Gates）是依靠新技术发家的比较典型的例子。在1975年创立微软的时候，只有20岁的他选择了当时最“时髦”的软件制造业，开发了“Windows”操作系统，最终成为超级富翁。

纳米技术将促进世界经济走上一条人与自然和谐发展的道路，这种发展是可持续的发展，是经济发展的一种新境界。可以预计，在纳米技术领域必将孕育出新时代的标志性人物，时代在呼唤着你。

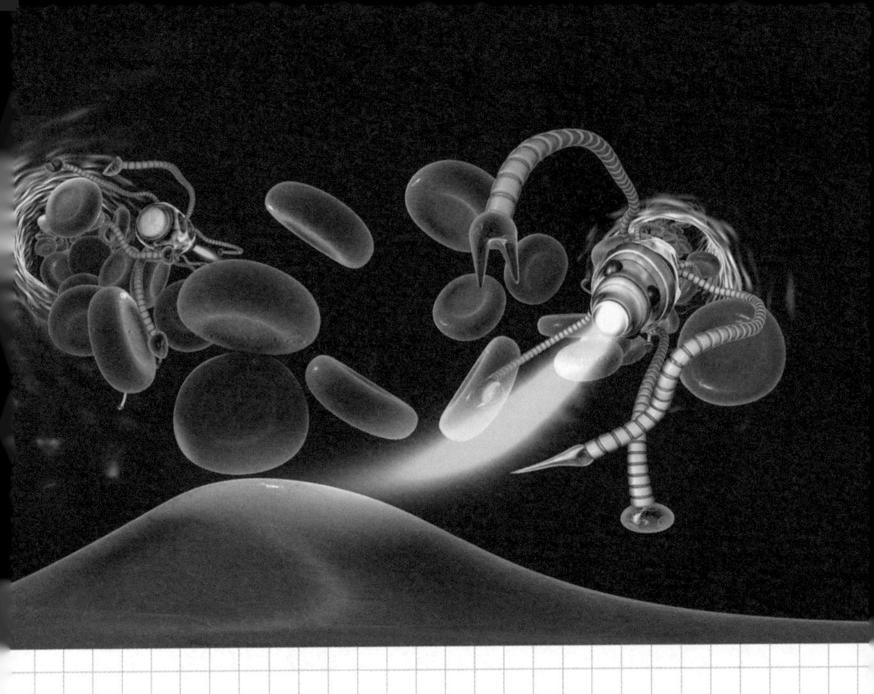

第二章　常见的纳米技术

纳米技术主要包括纳米体系物理学、纳米力学、纳米化学、纳米测量学、纳米材料学、纳米电子学、纳米生物学、纳米加工学等 8 个领域。这 8 个领域互相依赖，互相促进，共同发展，体系庞大而复杂。本章仅简略介绍几种热门纳米技术：仿生纳米技术、纳米加工技术、生物纳米技术、医用纳米技术、军用纳米技术和纺织纳米技术。

2.1
仿生纳米技术

智能仿生

地球上至少有200万种生物与人类共同生活，形成一个互相依赖的生物链。这些生物形态缤纷、能力各异，但是它们的共同点是具备与生长环境相适应的组织、器官和结构。这些互相依存的生物物种生存繁衍，不但支持人类社会的发展，也为人类知识和技术的创新提供丰富的源泉与无限的想象空间。

各种生物的形态、结构和奇特的功能启发人类创造出新的产品，推动社会的进步，从而形成了一门新的学科——仿生学。回顾人类的文明史，仿生学大致可分为三个阶段：形态仿生、结构仿生和智能仿生。

风靡世界的中国功夫有很多方面是模仿动物的动作发展而来的，如五禽戏、猴拳、青蛙功等；人类从鸟的飞翔得到启发，设计了飞机和各种飞行物，这些是形态仿生。

为什么一颗水珠可以在荷叶上来回滚动而不浸润？人们通过电子显微镜，可以观察到荷叶表面覆盖着无数尺寸10微米级的突包，每个突包的表面又布满了直径仅数百纳米的绒毛，从而解剖了荷叶表层特殊的纳米结构，发展了疏水表面结构，这是一个典型的纳米仿生例子。

随着科学技术的进步和学科的交叉发展，人们对生物的功能进行了深入的研究。通过模仿生物的功能，并与现代高科技相结合，使仿生学发展到了一个新的阶段，这就是智能仿生学。

仔细分析现有的仿生成果，不难发现，当前仿生学研究与应用主要集中在对生物的动作行为和生物体宏观结构的模仿，很少涉及生物体本身的效应、机理和生物组织。其主要原因是传统的技术手段无法满足对生物体的精细模仿要求，仿生学仅停留在宏观和表面的层次上。

◆蝙蝠机器人

随着微纳米技术的发展，人类的加工、操作和感知能力拓展到纳米、微米空间，给传统机械带来了革命性的影响，从而催生了微机电系统乃至微纳米系统。微机电系统是由特征尺寸在亚微米至毫米范围内的电子和机械元件组成的微器件或系统，它将传感、处理与执行融为一体，以提供一种或多种特定功能。微纳米技术的加工能力和器件尺寸与生物细胞、组织结构相当，十分适合作为微型仿生系统的技术实现手段，仿生学与微纳米技术的结合将产生一个新的研究方向——仿生微纳米系统。

“壁虎”机器人

壁虎是一种“神通广大”的小动物，它能在垂直光滑的墙壁上爬行，即使是很光滑的顶棚，它也能自如行走而不掉下来。

为什么壁虎的“功夫”如此之强？科学家发现，壁虎的爬力取决于物理尺寸而不是表面化学特性，也就是取决于壁虎刚毛的尺寸、形状和密度。壁虎脚掌这种特殊的黏着力是由壁虎脚底大量的细毛与物体表面分子之间产生的范德瓦耳斯力累加而成的。

根据壁虎脚掌的特点，人们设计了一种有壁虎脚掌特点的机器人。

这种微型机器人具有目标跟踪能力，既可以在目标卫星上软着陆，也能够在非合作目标上爬行，寻找合适的潜伏和攻击位置。寄生机器人吸附在目标卫星上之后，可以模仿寄生动物的敌方卫星进行软杀伤，也可以直接引爆或释放携带的炸药和腐蚀液摧毁敌方卫星的关键部件，将不必要的推进器、目标跟踪器等装置抛弃或关闭，降低能量消耗，使附加质量降到最低，同时利用自身携带的微型能源或从目标卫星上获得感应电能来维持长期的潜伏需要。一旦战争爆发，该机器人就会立即启动，通过发射干扰信号、屏蔽通信天线等方式对敌方的关键零件（如CPU、电路板、电源线、信号线等）进行攻击。

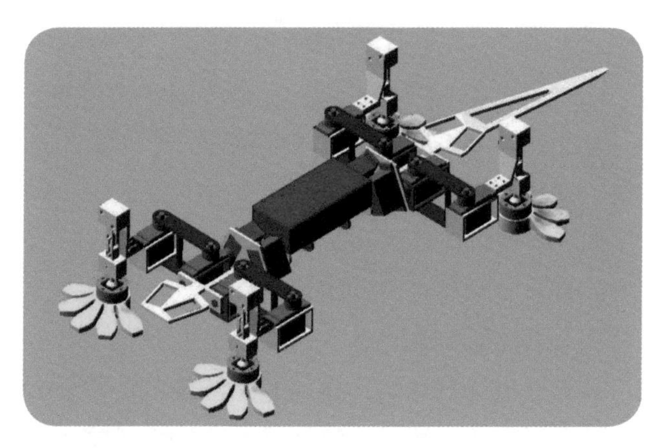

◆“壁虎”机器人

这种机器人的优势是吸附、爬行机构具有对非合作目标表面的适应性，能够在任意形貌的未知材料表面进行吸附和爬行。范德瓦耳斯力与材料无关，吸附力大，同时在真空环境下更有效。因此，仿生微纳米吸附阵列是最适合空间微机器人的吸附、爬行机构的。从某种意义来说，这种仿壁虎功能的机器人所采用的仿生技术是现有其他技术不可能代替的。

仿生微纳米吸附阵列还可以应用于军事侦察、抢险救灾、高楼清洗等多种特种机器人，并可以制作出特殊的靴子和手套，使人类可以像壁虎一样在悬崖峭壁、天花板上爬行，其军事前景和商业前景均十分被看好。

“蚂蚁”GPS定位系统

全球定位系统（Global Positioning System，GPS）是一种以人造地球卫星为基础的无线导航定位系统。它具有高精度、全天候、全方位导航与定位功能，是人类科学技术的精华所在。

实际上，自然界的动物早就有自己的定位方式，大海龟环绕大西洋爬行2万多海里，靠的是纳米磁性微粒和地球磁场来导航；蝙蝠辨别方向，靠的是体内超声波发生器发射和接收超声波进行定位与导航。可是，蚂蚁靠什么进行定位和导航呢？蚂蚁离开洞穴寻觅食物，在离开洞穴周围几十米的范围，都能准确无误地找到自己的洞穴，不会错误地钻进别的蚁穴。科学家们发现，在蚂蚁的身上存在一种构造精密的微偏振器，这种像光栅一样的结构，对光有偏振作用。蚂蚁身上的微偏振器起到了定位、导航作用。

◆蚂蚁身上存在微偏振器

人们从蚂蚁的行动中，学会了设计微型光偏振定位导航系统，利用现代纳米技术，可制备金属纳米线阵列。如果把它安装在机器人的身上，一旦GPS定位系统失灵，机器人仍然可以按照光偏导航到达预定的目的地。

纳米仿生技术，将对设计制造下一代全球卫星定位导航系统发挥重要作用，决定着未来世界各国的综合实力。

2.2 纳米加工技术

芯片光刻技术

计算机是利用二进制原理来工作的。以晶体管电路的通和断来表示1和0，通过设计许多这样的电路就可以进行各种计算。

英特尔公司的创始人之一诺伊斯把许多这样的晶体管电路刻到一块硅晶体上，从而发明了集成电路，这样的集成电路也叫芯片。

随着集成电路的集成度越来越高，晶体管的尺寸和集成电路的最小线宽（芯片上晶体管和晶体管之间导线连线的宽度）越来越小，工作速度越来越快。目前，微电子器件的尺寸和集成电路的线宽已经小于100纳米，达到微米加工技术的极限。

芯片制造业一般采用光刻技术来制造芯片电路。当对集成电路最小线宽的要求达到100纳米时，现有的光刻技术就无能为力了。物质达到纳米尺寸时，物质本身的性能会有所改变。纳米技术正是研究如何充分利用这种改变了的性能。这样，纳米技术在客观上宣判了以微米技术为主导的第三次产业革命时代的没落。

美国普林斯顿大学的科学家于2000年研发出一种硅芯片制造新技术——激光辅助直接刻印法。这种技术可以使一块硅芯片上的晶体管密度增大100倍，在芯片上刻印的功能部件线宽可达到10纳米。这种技术还可简化生产流程，使生产速度大大加快。如果采用传统光刻技术，生产一块芯片需要10～20分钟，而利用该技术只需2.5×10^{-7}秒。

光刻技术的加工精度与使用的光源有关系，光的波长越短，加工精度就越高。通常情况下，光刻中使用的光是深紫外光，所以通行的光刻技术也被称为深紫外光光刻技术。深紫外光的波长为240纳米，这种技术的加工极限是100纳米。

为了把制造精度提高到100纳米之内，一种有效的方法是探索使用具有更短波长的稳定光源。

美国和日本的多家芯片研究所与制造公司正在开发超紫外光光刻技术。超紫外光波长更短，它的使用可使光刻的最小线宽达到70纳米。然而，由于超紫外光能够被空气吸收，超紫外光技术需要在真空条件下使用，因而大大提高了生产成本。2009年9月，英特尔公司第一次向世人展示了22纳米工艺晶圆。

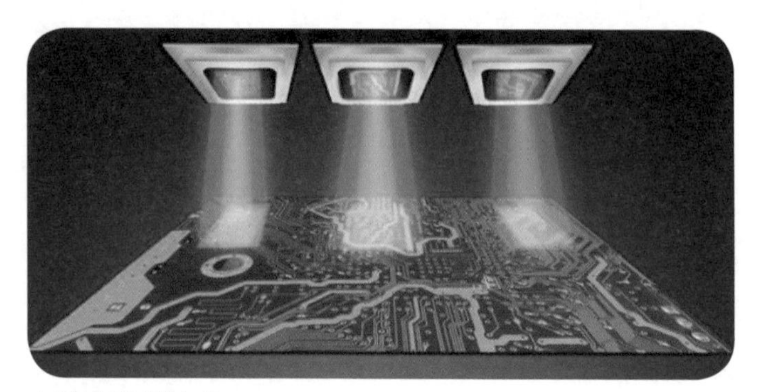

◆数字光刻技术

X射线的波长比超紫外光更短，X射线光刻术成为可供选择的纳米尺度上加工芯片的方法之一。使用X射线的刻蚀精度可以达到50纳米。如果采用电子束，有可能达到10纳米左右的刻蚀精度。

当前，芯片精度竞赛日益激烈。2016年，高通公司率先发布5G基带芯片X50（28纳米），之后，台积电12纳米芯片、巴龙5000（7纳米）、联发科技M70（7纳米）、紫光展锐春藤510（7纳米）、高通X55（7纳米）、麒麟980（7纳米）相继发布。至此，在5G基带芯片的研发领域，中国后来居上，真正走在了世界的前列！

◆巴龙 5000

新概念计算机

1990年，美国的贝尔实验室设计了一台由激光器、透镜、棱镜、反射镜构成的光子计算机，依靠激光束进入由光学器件组成的阵列来进行信息处理。

1994年，美国南加州大学阿德拉曼博士提出了DNA生物计算机的奇思妙想，它通过控制DNA分子间的生化反应来完成运算。DNA计算机具有反应速度快、存储容量大、能耗低的优点，但这种电脑由一堆装着有机液体的试管组成，比较笨拙。

2003年，英特尔公司成功研制了能够容纳3.3亿个晶体管的内存芯片。日本名古屋大学筱原久典教授研制出双层纳米管，外层为半导体，内层为导体，可作为极微细电子元件的配线用于薄形装置的关键部位。斯坦福大学宣布，人类首台基于碳纳米晶体管技术的计算机已成功测试运行。该种材料具有体积小、传导性强、支持快速开关等特点，因此当被用于晶体管时，其性能和能耗表现要大大优于传统硅材料。

20世纪70年代，美国和英国的科学家开始研究量子计算机。

1996年，IBM公司开始着手建造量子计算机。

21世纪以后，关于量子计算机的研究不断取得成果，2007年，加拿大科学家宣布研制成功16位量子比特的超导量子计算机。

2009年，美国发明世界上首台可编程的通用量子计算机，耶鲁大学的科学家研制了首个固态量子处理器。英国布里斯托尔大学的科学家研制出基于量子光学的量子计算机芯片。

2010年，德国超级计算机成功模拟42位量子计算机。

2011年，澳大利亚和日本的科研团队在量子通信方面取得突破，实现了量子信息的完整传输。加拿大宣布制成“全球第一款商用型量子计算机”的计算设备。

2012年，IBM声称在超导集成电路实现的量子计算方面取得数项突破性进展。一个多国合作的科研团队研制出基于金刚石的具有两个量子位的量子计算机。

2013年，由中国科学技术大学潘建伟院士领衔的量子光学和量子信息团队用量子计算机求解线性方程组的实验首次成功。实验的成功标志着我国在光学量子计算领域保持着国际领先地位。

◆潘建伟科研团队

微型制造工具

1991年，IBM公司的科学家制造了超快的氙原子开关。美国斯坦福大学的科学家用单根半导体属性的单壁碳纳米管制成了化学传感器，可用来检测二氧化氮、氨气等气体分子。加利福尼亚州的科学家研制出一种被称为“纳米麦克风”的微型扩音器，这种扩音器可以用于对其他星球上是否存在生命进行探测。德国卡塞尔大学的科学家利用纳米技术制成了世界上最小的温度计，它能够感觉到周围1纳米范围内10^{-3}℃的温度变化。2001年，在美国波士顿召开的微电机系统信息发布会上，科学家宣布已成功地以硅材料为主体制成了微马达、微横杆、微齿轮、微轴承和微传感器，这些成就已经为制造微小尺寸的、节能的机器人和器件提供了技术基础。

巴西和美国科学家在进行碳纳米管实验时发明了世界上最小的“秤”——纳米秤。在实验过程中，科学家将碳纳米管放在电流中，使之出现频率固定的摆动，并通过透射电子显微镜观察记录其摆动频率，由此计算出碳纳米管的强度和韧性。实验结束后，科学家突发灵感，将一个直径为0.33微米的微粒放在碳纳米管的顶端，继续用电流冲击。由于重量发生了变化，碳纳米管的摆动频率随之出现变化。科学家将这种摆动频率和原来的进行比较，从而测算出微粒的重量。科学家将这种细微的装置形象地称为“秤”，其测量精度可以达到10^{-15}克。

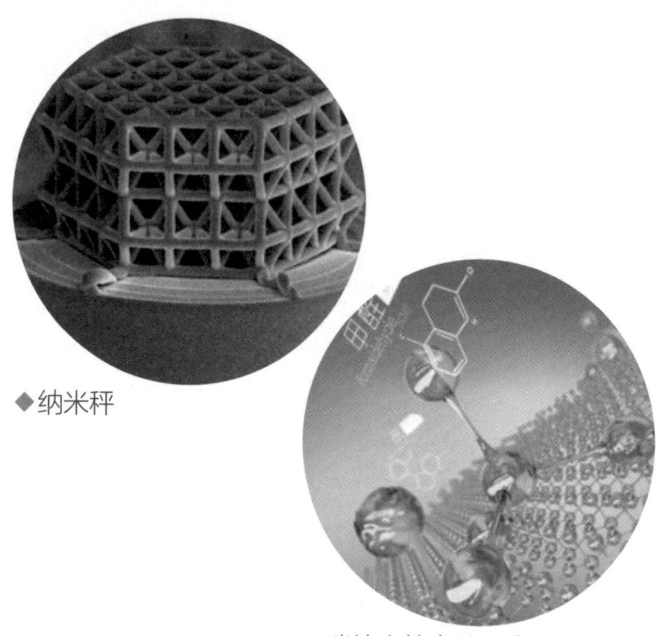

◆纳米秤

◆碳纳米管实验示意图

纳米秤的问世，为科学家们探索微观世界提供了新的实验手段，应用范围也相当广泛。如在医学领域，可以称出不同病毒的重量，帮助区分病毒的种类，进而发现未知病毒。

科学家最新研制的显微等级“纳米镊子”可以增进科学家对疾病的了解，并开发新的治疗方案。英国伦敦帝国理工学院的研究人员揭开了这种纳米镊子的神秘面纱，它的宽度只有15纳米，其工作原理是利用电流捕获分子，在没有损害任何分子部分的情况下，将分子从活细胞中抽出来。这种“纳米镊子”是由一根带有两个电极的玻璃棒构成，电极采用类似石墨的碳基材料制造。“纳米镊子”可以插入一个活细胞中移除内部部分。科学家称“纳米镊子”是他们工具箱的“重要补充”，可以帮助他们更详细地研究患病细胞，将改善专家开发治疗严重疾病的方法，并最终有效改善生活质量。

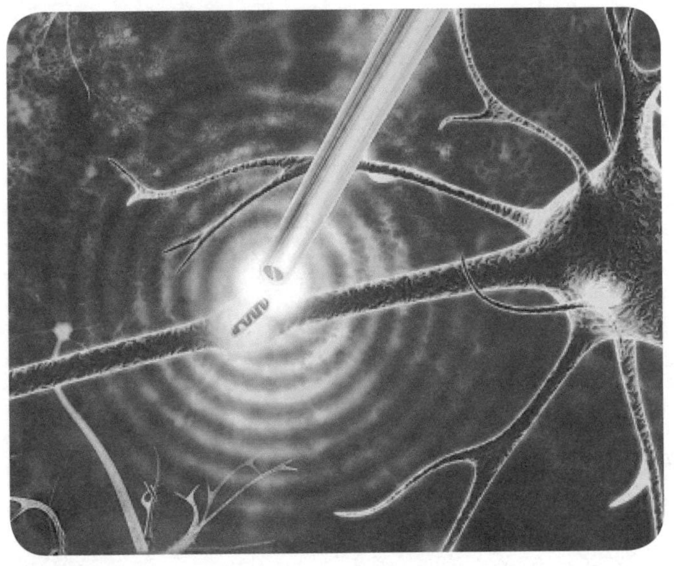

◆纳米镊子

2.3
生物纳米技术

纳米机器人

据《2019年我国卫生健康事业发展统计公报》显示，2019年中国人均预期寿命为77.3岁。重大疾病是制约人类预期寿命的重要因素，如果攻克了危害人类的主要疾病，如癌症、心脏病、艾滋病、心脏病、糖尿病等，人类的平均预期寿命还会大幅度增长。

但是，衰老还是不可抗拒的。接受了现代文明洗礼的人清楚地知道，生命是有限的，长生不老是不切实际的。

而现在恰恰有敢于这样“胡思乱想”的人，此人便是被誉为“纳米技术之父”的美国科学家德雷克斯勒。德雷克斯勒认为，随着人类对物质控制能力的不断进步，分子大小的机械部件将会诞生，它们可以组装成比细胞还要小得多的微型机械，使人类能够和生物机制直接发生作用。此外，他还认为，生物体不过是大自然进化制造的分子机械的组合。在纳米计算机的操纵下，人工制造的“细胞修复机”可以比自然力做得更好，可以逐个原子地进行修复，纠正DNA的错误，维护个别细胞的所有成分。他宣称，这不但意味着衰老可以被终结，而且人类最终将战胜死亡。

2010年，哥伦比亚大学的科学家成功研制出一种由DNA分子构成的纳米蜘蛛机器人，它们能够跟随DNA的运行轨迹自由地行走、移动、转向以及停止，并且能够自由地在二维物体的表面行走100纳米距离。这种纳米蜘蛛机器人只有4纳米长，可用于医疗事业，帮助人类识别并杀死癌细胞以达到治疗癌症的目的，还可以帮助人们完成外科手术、清理动脉血管垃圾等。

纳米机器人是纳米生物学中最具有诱惑力的成就。第一代纳米机器人是生物系统和机械系统的有机结合体，这种纳米机器人可注入人体血管，进行健康检查和疾病治疗，还可以用来进行人体器官的修复工作、做整容手术、从基因中除去有害的DNA，或把正常的DNA安装在基因中，使机体正常运行。第二代纳米机器人是直接把原子或分子装配成具有特定功能的纳米尺度的分子装置。第三代纳米机器人将包含纳米计算机，是一种可以进行人机对话的装置。

◆纳米机器人

微型抗癌机器人

科学媒介中心2020年6月5日报道，德国马普研究所的阿拉潘（Yunus Alapan）等在《科学机器人》刊文称他们研发的一款可携带药物在血管中“自由移动”的微型抗癌机器人，移动速度可达600微米/秒。研究人员利用纳米级别的玻璃微粒，设计了一个直径为3～7.8微米的球形微型机器人。然后，在该机器人的外表面涂上不同材料（一半涂有磁性纳米材料，另一半涂有抗癌药物分子和目标抗体），使该机器人利用磁力获得推进力，以便精准定位癌细胞并投放药物。抗癌药物分子的释放是通过紫外线照射触发的。

微型机器人是一种具有新颖特性的“分子机器”，可以在人体内“执行任务”。目前，科学家可设计和制造0.1~10微米尺度的各种新型医疗机器人。

最早的“分子机器”诞生于1983年，法国科学家索瓦日（Jean-Pierre Sauvage）成功将两个环状分子连接成链，形成索烃。1991年，英国科学家斯托达特（J. Fraser Stoddart）研发出轮烷，进而设计出分子“起重机”、分子“肌肉”以及分子计算芯片。1999年，荷兰科学家费林加（Bernard L. Feringa）研发出分子马达，进而设计出一辆“纳米车”。以上三位科学家设计出很多分子级零件，推动了微型机器人领域的发展。2016年，因在“设计分子机器”方面的卓越贡献，他们被授予诺贝尔化学奖。

索瓦日

斯托达特

费林加

◆2016年诺贝尔化学奖获得者

2017年，德国科学家拉姆（Jürgen Rahmer）团队设计出一组抗癌机器人。研究人员利用磁场，远程控制机器人在人体内进行“作业”。他们设计出一种配备可注射型微型药丸的微型螺旋机器人，利用磁场远程遥控螺旋机器人到达癌细胞位置，“指挥”机器人打开或关闭药丸释放药剂。这种微型药丸由金属材料制成，可以防止放射性物质泄漏。

微型机器人为癌症患者提供了一种新的治疗方式，它不仅能用于治疗癌症，还能用于疏通血管、辅助外科手术以及医疗诊断等，在医学领域具有巨大的应用潜力。

◆微型抗癌机器人

细胞纳米加工

自然界为我们创造了一种“纳米制造模式”，给人类发展细胞纳米加工提供了样板。

首先，大部分病毒是纳米级的，它们的构造非常简单。一般生物细胞中同时含有DNA和RNA，但是病毒却只含有其中之一。病毒靠自己是无法生存下去的，只有寄生在生物活细胞内才能完成生命延续的过程。在这个过程中，它们“强行征用”细胞内的各种生物体材料。这个过程可以看成是一个“纳米机器人”通过特定的“制造模式”自我复制。人类利用这种模式，利用现成的各种生物体材料单元就可制造各种“纳米机器人”，再利用“纳米机器人”来控制各种生物体材料，以达到对生命过程的控制。

其次，科学家认为，细胞本身就是名副其实的“纳米技术大师”。细胞中所有的物质都是能完成独特任务的“纳米机器”。在微观世界里它们能极其精确地制造物质，而这正是科学家希望通过纳米技术实现的梦想。人的伤口可以愈合、壁虎可以长出新的尾巴、鸡蛋能孵出小鸡，都是细胞能奇妙地一分为二的结果。人类的细胞一般为几十微米大小，每个细胞都是一个“纳米加工厂”。线粒体是细胞中的“发电站”。细胞核有使细胞生长、分裂的能力。在仔细研究细胞如何进行“纳米加工”之后，人类也许能研制出类似的装置来进行“纳米加工”，或者利用特定的生物细胞来进行特定的“纳米加工”。

最后，人类的DNA双螺旋结构由两条核苷酸聚合而成的“纳米链”构成，每一条链上的四种碱基——“腺嘌呤”“鸟嘌呤”“胞嘧啶”和“胸腺嘧啶”按不同的方式排列，从而决定了人的各种遗传信息。如果基因发生变化，就可能导致某些疾病的发生，如癌症、心脏病等。如果能修复这些基因，就能避免疾病的发生。利用“纳米机器人”来修复基因的可能性是存在的。科学家发现，在DNA的顶端为单条基因链端粒，端粒正是控制人衰老的关键。一个细胞在其生命周期中每分裂一次，它的端粒就会减少100对碱基对的长度，直到最终所有细胞都停止分裂。如果我们人为地增加端粒的长度，也许能延缓自然衰老。据报道，美国斯坦福大学的科学家成功利用合成的纳米环增加了端粒的长度。这将意味着细胞寿命能变得更长，从而延缓衰老。

2.4 医用纳米技术

如果你对利用纳米技术使人类长生不老的可行性还将信将疑的话，那么你至少应该相信：纳米技术应用于医疗，会在攻克许多顽症方面给人类带来新的希望。在未来的纳米医疗时代，绝大多数疾病是可治愈的，病人所承受的痛苦将大大减少。

纳米医疗时代

纳米技术在医药领域的应用主要涉及生物材料、药物传输系统、诊断技术、活体影像技术以及中医药的研究。目前国内外在这些领域的研究均取得了可喜的进展。

在生物材料领域，纳米技术可用于口腔科、骨科、皮肤科材料的研发，我国已经成功研制部分产品。2007年，清华大学研究人员研制的生物活性纳米人工骨材料获得国家食品药品监督管理总局的三类植入产品试生产注册证，它成为我国第一个在市场公开销售和在临床应用的纳米医药产品。

◆纳米人工骨

利用纳米技术制成的传感器可望使各种癌症的早期诊断成为现实，此领域也被认为是最有可能取得突破的领域。美国已经在实验室环境下实现了对前列腺癌、直肠癌等多种癌症的早期诊断。纳米传感器灵敏度很高，在进行血液检测时，当传感器中预置的某种癌细胞抗体遇到相应的抗原时，传感器中的电流会发生变化，通过这种电流变化就可以判断血液中癌细胞的种类和浓度。科研人员估计，今后可能会有多种纳米传感器集成在一起被置入人体，用来早期检测各种疾病。

药物的靶向运输与控制释放是药物新技术发展的重要方向，可以借助纳米技术与纳米材料的进步而获得更好的发展。有关的研究成果报道非常多，而且有些已经上市。美国研制的抗癌新药紫杉醇纳米制剂在2005年就已通过美国食品药品管理局的批准上市。

日本启动了人造红细胞计划，以解决血液库存不足的问题。人造血液是替代人的血液的各种人造物的总称，包括人造红细胞、人造血小板和人造免疫抗体（球蛋白）。许多国家着重开发人造红细胞，红细胞是由多个运输血液的蛋白质——血红蛋白结合起来构成的，血红蛋白主要负责搬运氧分子，它们外面包裹着脂肪膜。日本经济产业省计划从超过保存期限的血液中分离出血红蛋白，外部用人工合成的脂肪膜包裹，从而生产出人造红细胞。人造红细胞直径仅有200纳米，在体内和正常细胞一样。这种红细胞无论什么血型的人都可以使用，保存期限为两年，有着广阔的市场前景。

人的机体是一个保持自然平衡的健康有机体，通过新陈代谢可以吸收新鲜养分、排出有害物质。但有些时候，人体自身的平衡系统出现问题，平衡功能紊乱，无法实现自我平衡。例如，铅、汞等重金属离子，进入人体就无法排出，也无法被肝脏氧化分解。如果体内有害垃圾长期得不到有效清除，积累下来就会造成中毒。如果派纳米机器人进入体内，就会极具目的性地把这些有害物质清出人体，使人体恢复自然平衡。吸烟有害健康，通过X射线透视可发现，烟龄较长的人肺部变黑。这是因为在吸烟过程中，焦油通过呼吸进入肺部，吸附在肺泡上而无法排出，这样肺就变黑。为此，科学家们设计了纳米机器人，它可自由进出气管和肺泡，像一个清道夫一样清理人体的肺部，并把脏东西带出人体。纳米医疗时代，如果你经常抽烟，或常处于粉尘环境中，那么建议你定期到医院洗洗肺，享受纳米机器人的周到服务。

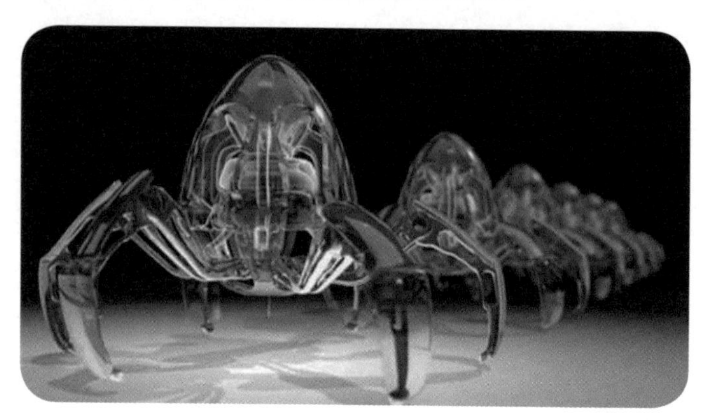

◆医疗纳米机器人

人体的脑部血管常会有某些天生脆弱的地方，平时没有表现出来，但是在意想不到的时候，可能突然发生破裂，导致脑出血。如果我们事先派纳米机器人进入血管，仔细检查，并且一一修复那些脆弱的血管，就可以避免悲剧的发生。有时，血管中会产生血栓，发生堵塞从而使血液无法正常流动。如果把纳米机器人导入血管，可以把血栓打成小碎片，避免血栓的形成。

药物纳米粒

常见的药物纳米粒有以下五种类型。

（1）纳米脂质体。用亲水性材料，如聚乙二醇进行表面修饰的纳米脂质体在静脉注射后，兼具长循环和隐形或立体稳定的特点，对减少肝脏巨噬细胞对药物的吞噬、提高药物靶向性、阻碍血液蛋白质成分与磷脂等的结合、延长体内循环时间等具有重要作用。纳米脂质体也可作为改善生物大分子药物的口服吸收及其他给药途径吸收的载体，如透皮纳米柔性脂质体和胰岛素纳米脂质体等。

（2）固体脂质纳米粒。由多种高熔点脂质材料（如饱和脂肪酸、脂肪醇、硬脂酸、混合脂质等）形成的固体颗粒，是一种正在发展的新型纳米给药系统。在室温下为固体，理化性质稳定，兼有聚合物纳米球的物理稳定性高、药物泄漏少、缓释性好等特点，脂质体毒性低、制备工艺简便，易于大规模生产。主要适用于难溶性药物的包裹，用作静脉注射或局部给药，可作为靶向定位和控释作用的载体。

（3）纳米囊和纳米球。主要由聚乳酸、聚丙交酯-己交酯、壳聚糖、明胶等高分子材料制备而成。根据材料的性能，适用于不同给药途径，如静脉注射的靶向作用、肌肉或皮下注射的缓控释作用。口服给药的纳米囊和纳米球也可用非降解性材料制备，如乙基纤维素、丙烯酸树脂等。

（4）聚合物胶束。合成水溶性嵌段共聚物或接枝共聚物，使之同时具有亲水性基团和疏水性基团，在水中溶解后自发形成高分子胶束，从而完成对药物的增溶和包裹。因为其具有亲水性外壳及疏水性内核，适用于携带不同性质的药物。目前研究较多的是聚乳酸和聚乙二醇的嵌段共聚物，而壳聚糖及其衍生物因其优良的生物降解特性正受到密切关注。

（5）纳米混悬剂。纳米药物在表面活性剂和水等附加剂存在下，直接将药物粉碎加工成纳米混悬剂，通常适用于口服、注射等途径给药，以提高吸收或靶向性。通过对附加剂的选择，可以得到表面性质不同的微粒。适用于大剂量的难溶性药物的口服吸收和注射给药。

加拿大麦吉尔大学的研究表明，由DNA链制成的纳米“立方笼”可封装小分子药物，并在受到特定刺激后将药物释放出来。DNA“立方笼”被设计成在面对一个特定核酸序列的情形下即可释放药物。在未来应用中，DNA“立方笼”可携带药物到达病变细胞的环境中，从而触发药物释放。

日常用药就像大规模杀伤性武器，在打击病变细胞的同时，也会对正常细胞产生毒副作用。如果能让药物成为精确制导炸弹，只对病变细胞或病原体进行定向打击，这就是靶向治疗技术，利用靶向治疗技术可减少药物用量、提高药效并避免毒副作用。DNA“立方笼”兼具目标识别和药物运载两种功能，可区分病变细胞和正常细胞，然后利用携带的药物实现定向轰炸，可以看作靶向治疗的又一次重要进步。

◆由DNA链制成的纳米“立方笼”

纳米药物研究历史很短，还存在一系列问题。如学科间的交叉渗透不足，基础研究层次低，一些涉及纳米药物的重要理论问题还需要深入研究，纳米药物由于量子效应和表面效应而表现出新奇的物理、化学和生物学特性等，因此纳米药物的生物安全性问题等不容忽视。

纳米中药

中医药是我国宝贵的财富。近年来，世界各国对中医药的兴趣越来越浓厚，其中包括欧美发达国家。中医药进入世界医疗体系将是一大趋势，中医药在抗击新冠肺炎疫情中的良好表现，更加坚定了其走向世界医疗体系的步伐。

要想将中医药发扬光大，使中医药立足于世界；要想提高中药疗效，使中药成为一种现代化的药物，就必须改进中药。运用纳米技术改进中药，是一种必然的发展方向。

中药饮片往往是用传统的煎煮方法，目前虽然进行了一些中药制剂的改良，但只是提取了中药中所含成分的小部分，约占总成分的10%～30%，药效受到很大影响。使用纳米技术则可充分提取中药中的有效成分，既节省中药原材料，又可加快药物吸收，增强疗效，而且使用起来较为方便。

如果将中药加工成纳米级的微粒，病人服药后，药物可有针对性地直达病灶，激活中药中的细胞活性成分，疗效将大大提高。

华中科技大学的研究者把普通的中药牛黄加工成纳米颗粒。他们惊奇地发现，这种纳米颗粒具有极强的靶向作用。

“是药三分毒”，经研究表明，一些中药变成纳米颗粒之后，毒副作用降低了，而疗效却提高了。这样不仅可以减少药物对病人的不利影响，而且可以减少用药量，节约中药资源。

◆纳米中药

有望制服病毒

诺贝尔奖获得者莱德伯格（Joshua Lederberg）曾说过：“在统御地球的事业上，我们唯一的真正竞争者是病毒，人类的延续存在并不是必定的。”

病毒体型很小，一般只有几十至几百纳米。它不具有细胞结构，是由携带遗传信息的核酸和包住核酸的蛋白质外壳组成。一般生物细胞中同时含有DNA和RNA两种核酸，但是病毒却仅含有其中一种。仅含有DNA的病毒称为DNA病毒，仅含有RNA的病毒称为RNA病毒。

目前，人类对抗病毒最好的手段是利用能启动人体免疫系统的疫苗。用人工免疫的方法，全球成功地消灭了天花。但是，研制疫苗往往是很困难的，要花费很长时间，而病毒的变异却很快。

正当人类对病毒束手无策的时候，纳米技术为人类带来了一线希望。美国密歇根大学的科学家发明了能够捕获病毒的“纳米陷阱”。实验表明：这种“纳米陷阱”能捕获流感病毒，并且使之失去致病能力。

病毒体型为纳米尺度，可视作天然的纳米机器人。既然如此，人类便可制造一些纳米机器人与之“战斗”。设想某人患了艾滋病，医生为他注射了一些纳米机器人，在病人体内，两支大军开战：一方是人造纳米机器人，一方是艾滋病病毒，你来我往，杀得不亦乐乎。最后，人造纳米机器人获胜，艾滋病病毒被制服。

科学家还可借鉴病毒自我复制的机理，设计出可自我复制的生物纳米机器人。一些生物纳米机器人能够制造各种各样的构件，能够就地取材来建造基地；另外一些能够修复损坏的基地；也有一些不仅能够从事体力劳动，并能感知周围环境，做出反应；还有一些可以检测氧的损耗，并能刺激其他机器人产生氧，从而创造一个适合的环境。一旦拥有各项功能，生物纳米机器人将会相互协作。这些机器人大多由生命基本物质构成，它们将会自我复制并具有多样性，能适应外部环境。它们可以创立新的生命形式，甚至生物体系。利用这样的生物纳米机器人可以进行太空探索，也可以在遥远的星球上维持人类生命。具有复制和突变功能将使它们在发现和设计奇异材料方面具有很大价值。

◆生物纳米机器人

我们完全有理由相信：在不久的将来，纳米技术将使人类最终制服病毒，成为保障人类健康的忠诚卫士。

2.5 军用纳米技术

维护和平、反对战争是全人类的正义呼声，是社会发展的主旋律。但是有人类历史记载以来，战争从来没有停止过。回顾历史，每一次重大科学发现、重大技术变革在推动社会和经济发展的同时，也助长了战争的升级。武器的进步，使战争的规模越打越大，给人们带来的灾难和对人类历史文明的摧毁越来越严重。我们反对把先进技术用于战争，但战争又难以避免，正义和邪恶的冲突发展到一定程度，往往通过暴力和战争来解决。从维护正义和国家安全的角度来考虑，不得不用先进技术来武装和发展防御系统。

随着纳米技术的快速崛起，未来战争是什么样的呢？

“苍蝇”飞机

现代战争是隐身技术与精确制导技术的天下，而未来战争将是一场在纳米技术大厦之巅的决战。

现代战争好像金庸的武侠小说中描述的场面：交

战中使用高深的武功——高技术武器——来进行一招一式的较量；未来战争会更像古龙的武侠小说中描述的那样：在纳米技术的大厦之巅，只有一招，谁也没看清这一招是怎样出手的，只感觉刀光一闪，胜负已见分晓。在不久的将来，纳米技术将对战争产生极大的影响。

使用纳米技术制造的“苍蝇”飞机，可携带各种探测设备，具有信息处理、导航和通信能力。“苍蝇”飞机可以秘密部署到敌方信息系统和武器系统的内部或附近，监视敌方情况。这些“苍蝇”飞机可以悬停、飞行，对它们来说，雷达形同虚设。“苍蝇”飞机还适应全天候作战，可以从数百千米外将其获得的信息传回己方导弹发射基地，直接引导导弹攻击目标，也可以直接执行攻击任务。

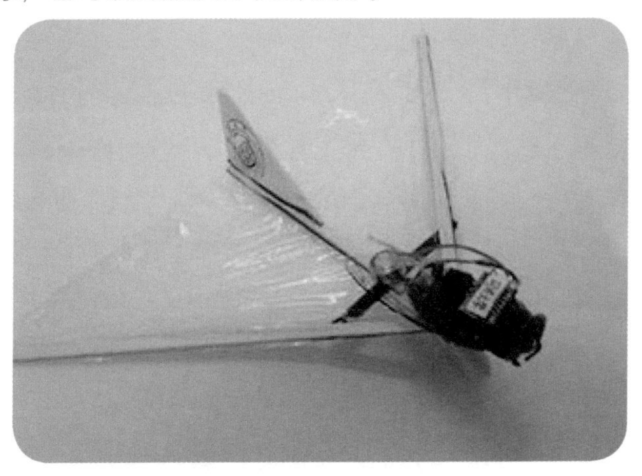

◆ “苍蝇”飞机

纳米卫星

纳米技术的迅猛发展，特别是微机电系统的初步成功，使军事科技工作者研制纳米武器成为可能。他们尽情发挥想象力，研制出千奇百怪的战场“精灵”。

俗话说：“知己知彼，百战不殆。”战时，为了解敌情，常常会派出间谍。随着科学技术的发展，能使用的手段多了起来。为此，许多国家都在研制各种侦察系统，像美国的U-2飞机，曾闻名一时。然而，苏联研制出地对空导弹后，这种飞机被迫退出历史舞台。后来，不少国家都发展间谍卫星。但是，间谍卫星也有缺点，如果算准了它的飞行轨道和飞行时间，就可以躲避它的侦测，并且卫星体积较大，容易受到攻击。

1995年，美国提出纳米卫星的概念。纳米卫星通常指质量小于10千克、具有实际使用功能的卫星。它是基于微电子技术、微机电技术、微光电技术等微米/纳米技术而发展起来的，体现了航天器微小化的发展趋势。现已发射的纳米卫星有俄罗斯航天研究院的SPUTNIK-2卫星，美国的Bitsy卫星、AUSat卫星、PICOSAT卫星，英国的SNAP-1卫星等。为了降低发射费用，纳米卫星多采用一箭多星的搭载方式发射。一枚小型火箭一次就可以发射数百颗乃至上千颗纳米卫星，可以侦察到地球的各个角落，开展侦察敌情和发送信息的工作。若在地球同步轨道上均匀地布置600多颗功能不同的纳米卫星，就可以保证在任何时刻对地球上任何一点进行连续监视，即使少数卫星失灵或被敌方激光武器摧毁，整个卫星网络也能始终处于正常工作状态，不会受致命影响。商业和民用卫星同时在运行，地面上的人想发现纳米卫星的威胁将非常困难，这种情况使纳米卫星如同具有了隐身术，更适合打伏击战。

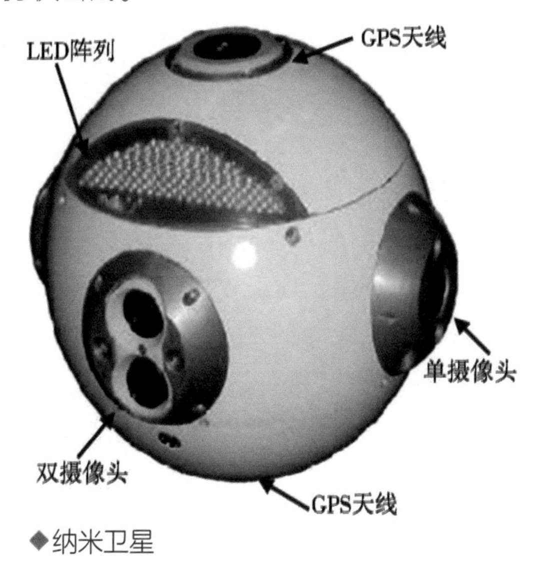

◆纳米卫星

纳米卫星技术研究及其组网应用技术是国际卫星技术研究的热点之一，属高新技术探索范畴，主要应用在通信、军事、地质勘探、环境与灾害监测、交通运输、气象服务、科学实验、深空探测等领域。

纳米传感器

被人称为“间谍草”或“沙粒坐探”的纳米武器装备其实就是事先安放的微型传感器，这些传感器有的像小草，有的像沙粒。别看它们体型小，它们体内却装有微型摄像机和各种灵敏的纳米传感器。这些装备使它们既有像人一样的“视力”“听力”“嗅觉”，还有人所不具备的感受红外线、无线电波、识别有毒生化战剂的能力。

雷达通过发射电磁波，然后接收物体的反射波来发现各种飞行物。如果飞行物采用吸波材料制造或采用其他隐形技术，雷达就无能为力了，并且因为发射电磁波，也容易暴露自己而受到攻击。而纳米传感器可以被发射升空，然后散布开来。它们飘浮于天空中，当有敌机或导弹袭来，这些传感器就会发生变化，如放射出电磁波、红外线、荧光等，地面观察站就可迅速观察到这种变化而做出反应。这种方式可以发现任何飞行物，包括隐形飞机，而且没有暴露观测人员的危险。

有军事研究专家预测，未来的战场将会布满成千上万个传感器——从陆地到海洋，从内层天空到太空——这些传感器提供大量的实时信息，可以使指挥员决胜于千里之外。

随着纳米技术和生物传感器的交叉融合发展，越来越多的新型纳米生物传感器涌现出来，如量子点、

DNA、寡核苷配体等纳米生物传感器。美国麻省理工学院2013年研发出一种由碳纳米管组成的传感器，通过皮下植入人体，可检测人体内的一氧化氮含量。

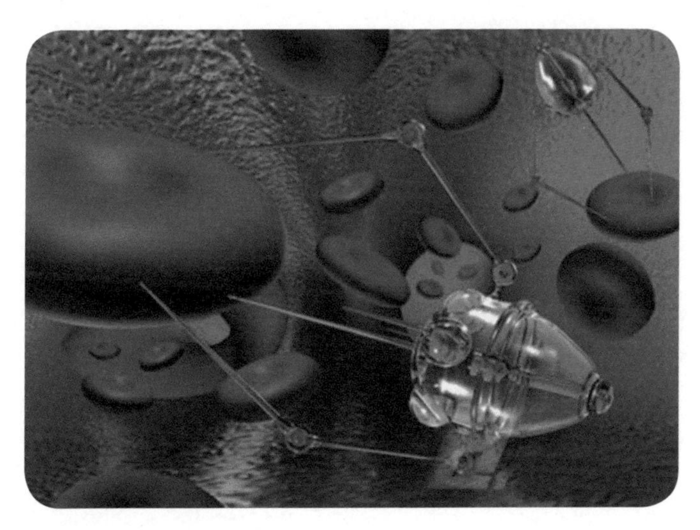

◆纳米生物传感器

还有的科学家做了更为神奇的设计——把昆虫变成为人所用的间谍。通过在昆虫的中枢神经系统中植入电子智能系统，从而实现对昆虫的控制。这些昆虫可以悄悄飞到敌方的指挥部门，窃取敌方情报，然后通过信息传输系统把情报传回基地。

未来战争新格局

纳米武器对未来战争将会产生巨大的影响。

首先，纳米武器使武器系统超微型化，使“先发制人”变得越来越容易，而防备敌人的进攻变得越来越困难。纳米技术可以达到“屈人之兵而非战也”的效果。完全不会发生正面冲突，受攻击的一方可能在完全没有防御的情况下，已经成为俘虏。

其次，纳米武器将使速战速胜更加可能。一方面，部署纳米武器可以悄无声息地进行，突然发起攻击，快速取得胜利；另一方面，纳米技术的应用实现了武器系统智能化，使武器装备控制系统信息获取速度大大加快，侦察监视精度大大提高，可以精确制定打击目标，从而击中要害。

再次，纳米武器可大大降低战争成本，将战争造成的损失降到最低。纳米武器造成的破坏小，甚至可以不伤害敌方人员，通过施放生物武器而使其失去战斗力。

总之，纳米武器的出现和使用，将大大改变未来战争的方式。战争力量对比，也不能以常规方式去认识。一支装备精良、人数众多的部队，在极短的时间内就可能土崩瓦解。武器装备的研制与生产不能以数量规模来衡量，而必须向微型化方向发展。

未来战争格局更加诡谲多变，必须认识到，由于纳米技术的应用，个人的力量变得更加强大，战争将不仅仅局限于国与国之间，人们将会看到更多的小集团控制下的战争。小集团挑战国家并获得胜利将成为可能，小集团操纵国家将更加容易。

然而，纳米武器并不能完全取代常规武器，它只是对常规武器的补充。如果敌人使用飞机、导弹直接进攻，你派一群“苍蝇”“蚊子”“蚂蚁”去抵挡，就如同螳臂当车；当敌我常规战力相持时，你派出纳米武器攻击敌方，使敌方指挥系统完全失灵，或使敌方人员失去作战能力，或破坏敌方飞机导弹，便可取胜。

我们反对把纳米技术用于战争，但出于自卫，我们必须发展纳米武器。如果有人发动一场纳米技术的战争，我们就能“以其人之道，还治其人之身”。

2.6
纺织纳米技术

纳米纤维

人造纳米纤维是化纤和纺织行业发展的总趋势。我国已开始研究开发具有特殊性能的纳米纤维，如抗紫外线纤维、红外保温纤维、抗菌自洁纤维、防水防油纤维、防静电阻燃纤维等。

太阳光中除可见光外，还含有紫外线。研究表明，过度的紫外线照射，可能导致皮肤癌变，也可使人体免疫力下降或诱发白内障而失明。把二氧化钛制成纳米粉体，与高分子材料混合形成复合纤维母料，再加入聚内烯和聚酯纺成丝。这样的纤维制成的织物紫外线透过率很低，可用来加工服装或制造防紫外线的遮阳伞。想想看，穿上纳米防紫外线衣服，戴上纳米防紫外线帽子，你便可以在炎炎夏日，尽情享受阳光、沙滩，而不用再担心被紫外线灼伤。

除了纳米二氧化钛外，纳米氧化硅、纳米氧化锌、纳米氧化铈也都有抗紫外线的本领。这几种材料经过适当的配比，在对抗紫外线、降低有机物和高聚物的损坏方面，将大显身手。

◆高分子纳米纤维

人们出门在外，难免会沾染上细菌。你有没有想过穿一件抗菌衣服呢？

添加纳米级氧化锌和二氧化硅的复合纤维，既具有防静电作用，还具有除臭、杀菌和净化空气的效果。这种纤维纺布对大肠杆菌、金黄色葡萄球菌等细菌有很好的抑制作用，且对人体无毒性、无刺激性。经多次洗涤熨烫，仍然能保持抗菌功能。

将具有高效远红外辐射功能的海藻碳纤维添加在聚合物中可制成保健纳米纤维。该纤维不但可以吸收太阳光和人体辐射的红外线，使其自身温度升高，而且可以在很低的温度下放出红外线，使织物具有更好的保暖效果。

纳米纤维已为我们的生活增光添彩。2003年，在北京服装学院举办的首届服装节上，一种纳米合成纤维首次亮相，用这种纤维制成的服装进入首都服装市场。

欧洲纺织品纳米技术处于领先地位。德国工程师采用纳米涂层，使织物表面具有防尘和防污的功能。总部位于德国勒沃库森的拜耳公司已经开发出纳米阻燃材料。

美国一家公司利用纳米技术对棉织物进行防污和防水处理，提高服装的水分调控性。该公司应用纳米技术的项目有防污纤维和防水渗透纤维等，他们已把这些技术应用于职业制服。另外，美国还有两家公司取得了许可证，将纳米技术应用于棉混纺服装，这种服装具有防水性和防油性。

韩国工程师将纳米技术应用于纺织工业，使真丝和羊毛在不改变其性能的情况下能防水和防污；使衣服能够更长时间地保持清洁和鲜艳；衣料表面有大小在100纳米以内的微型结构，能吸收空气分子，形成很薄的覆盖层，使衣料能够防水和防油。

超级纳米制服

纺织纳米技术不仅服务于民用工业，在军事领域纺织纳米技术也将大显身手，为战士制作刀枪不入的

“超级战甲”。

一个全副武装的特种部队士兵，需要穿5层衣服。最外面的是防止子弹穿透的装甲层，里面有防红外层，最里面是防止化学物质渗入的保护层。此外，特种士兵还要配备武器、头盔、夜视仪、通信工具等。一个士兵的负重达到几十千克。为了减少士兵负重，增强战斗力，有必要采用纳米技术制作一种“超级战甲”，使作战服既轻便又具有多种功能。这种“超级战甲”具有感知能力，当子弹飞来，“超级战甲”将启动防弹功能；当遇到生化武器袭击时，纳米织物组织就会发生变化而将生化毒素挡在外边；当士兵受伤时，“超级战甲”将自动为他包扎；这种“超级战甲”还会随外界环境的改变而改变自己的颜色，从而实现隐身功能；“超级战甲”既防水又透气，通信设施也置入军服中。数十种采用了纳米技术的纤维将使“超级战甲”成为一件“有智慧”的军服。

工作在抗疫一线的医护人员，穿着的服装十分笨重，急需改进。采用纳米技术研制既轻便又透气，而且具有杀菌抗病毒功能的服装是完全能够实现的。

航天员进行太空旅行要穿航天服，现在的航天服十分笨重，航天员穿上后行动不便，操作仪器困难。将来，如果用纳米材料为航天员设计航天服，情况就大不一样。

首先，这种航天服很轻巧，穿上它几乎感觉不到额外的分量。同样，也感觉不到航天服的限制，航天员可以轻易地做运动。其次，穿上这种航天服感觉很舒服。它的表面像人的皮肤一样光滑柔软。最重要的是，这种航天服是“智能”的。航天员感觉自己的手指是赤裸的，伸手去触摸一个物体，可以感觉到它的质地、温度——航天服把同样的质地模式传递给了航天员的皮肤。而当受到外力强烈冲击，航天服可以化解大部分的力量。也就是说，当泰森打你一拳，你感觉好像一个小孩打了你一拳。穿上这样的服装，你完全可以与任何一个职业拳击手打一场拳击赛。

这种航天服还可以像植物一样，吸收光能和二氧化碳，以制造新鲜氧气供航天员呼吸，它也能进行自我修复，因而非常耐用。

这种航天服还具有屏蔽宇宙中各种射线和紫外线的能力，保护航天员免受宇宙中各种射线的侵害。

2.7 纳米技术是“双刃剑”

纳米技术利与弊

每当谈到纳米技术时，人们都会沉浸在美好的前景中：人的寿命会大大延长，疾病能轻而易举地得到治疗；计算机的运算速度提高上百万倍，电脑游戏逼真得与现实没有区别；环境污染被彻底治理，地球生态得到恢复……

殊不知，任何一项技术都是有利有弊的，如果使用得当，会为人类带来福祉；但如果使用不当，也会给人类带来灾难。纳米技术也不例外。

汤姆森（Mason Tomson）的实验表明，巴基球可以在土壤中毫无阻碍地穿越。奥伯多斯特（Gunter Oberster）等的实验发现，碳粒在进入老鼠体内一天后便出现在其大脑中处理嗅觉的区域——嗅球，随后连续7天碳微粒在嗅球中的含量不断增加。唐纳德森（Ken Donaldson）的研究表明，人们越来越关心纳米微粒可能对人体某些器官造成的损伤。

纳米颗粒在给人们带来益处的同时，也可能带来不可想象的灾难。人们不禁会问：纳米颗粒进入生命体后，是否会导致特殊的生物效应？纳米颗粒进入人体环境以后，对人体健康、生存环境和社会安全等方面将产生什么影响？由于小尺寸效应、量子效应和巨大比表面积等，纳米材料具有特殊的物理化学性质。纳米材料在进入生命体后，与生命体相互作用所产生的化学特性、生物活性与化学成分相同的常规物质有很大不同，有可能给人类健康带来严重损害，成为许多重大疾病的诱因。因此，必须加强对纳米尺度物质的生物环境效应问题的研究。

纳米技术的普遍使用，现实生活中的事物都改变了原有的意义，纳米技术带来的虚拟技术使虚拟与现实难以区分，法律、道德需要重新定位……

纳米技术研究的每一个进步，都可以对社会发展、经济繁荣和人类的健康产生积极的推动作用。这种先进的高科技同样可能做出不利于社会发展、危害人类健康的事情，必须通过道德和立法来加以约束。如何正确利用纳米技术，趋利避害，是摆在我们面前的一个现实的课题。因此，在科学共同体乃至国家层面急需建立一种风险评估模式，在评估纳米材料性能的同时，对其潜在的不利影响进行评估，以防患于未然。

使用纳米技术须谨慎

纳米技术涉及许多学科，具有很多层次，不能把较低层次的纳米技术吹得神乎其神。比如，制备纳米粉体材料与制造纳米机器人，其技术水平相差很大，但二者都被称为纳米技术。

不是所有达到纳米尺度的东西都可以叫纳米技术产品。我们身边就有许多纳米微粒。像天上的云、地上的雾，就是纳米尺度的小水珠分散在空气中形成的。我们洗衣服时的肥皂泡，也是水分散了纳米颗粒形成的，但这些不能被称为纳米技术。

纳米技术是指在纳米尺度下认识世界、认识自然，进行知识创新、技术创新乃至产品创新的技术。达到纳米尺度只是一个必要条件，它要有新的性质才能叫纳米技术产品。判断一个产品、一种材料是否纳米技术产品关键是看其性能的升级。传统产业应用纳米技术，应该说清楚在什么地方采用了纳米技术，什么性能得到了提高。

在发展纳米技术的同时，要设法让社会公众正确了解这种技术的内涵。要发展“真纳米”，首先要杜绝“伪纳米”，只有这样，我们才能真正享受到纳米技术带来的丰硕成果。

随着纳米技术的发展，微型化工具将逐步走向实用化，这将给人类带来极大的方便，但使用不当也会带来危害。

首先，微型化工具的使用将使人没有一丝隐私可言。你在洗澡时，一只“小蚂蚁”拍下了你的一举一动；你与客户谈话时，一只“蚊子”录下了所有内容，你的商业秘密立刻泄露……不管你吃饭、睡觉还是如厕，都有无数只“小眼睛”在盯着你，你好像在大庭广众之下被扒光了衣服。

其次，微型化工具可能被犯罪分子当成作案工具。小偷利用微型化工具作案，能做到天衣无缝；杀人犯利用微型化工具，能做到杀人于无形。

再次，纳米技术可能会被恐怖组织或恐怖分子用来进行恐怖活动，让你防不胜防，酿成人类灾难。

最可怕的是野心家可能利用纳米技术危害社会。利用纳米技术，可以制造出许多非常厉害的新病毒，用于扰乱他国的正常秩序；利用纳米技术，也可以对国家实行控制，以攫取利益。

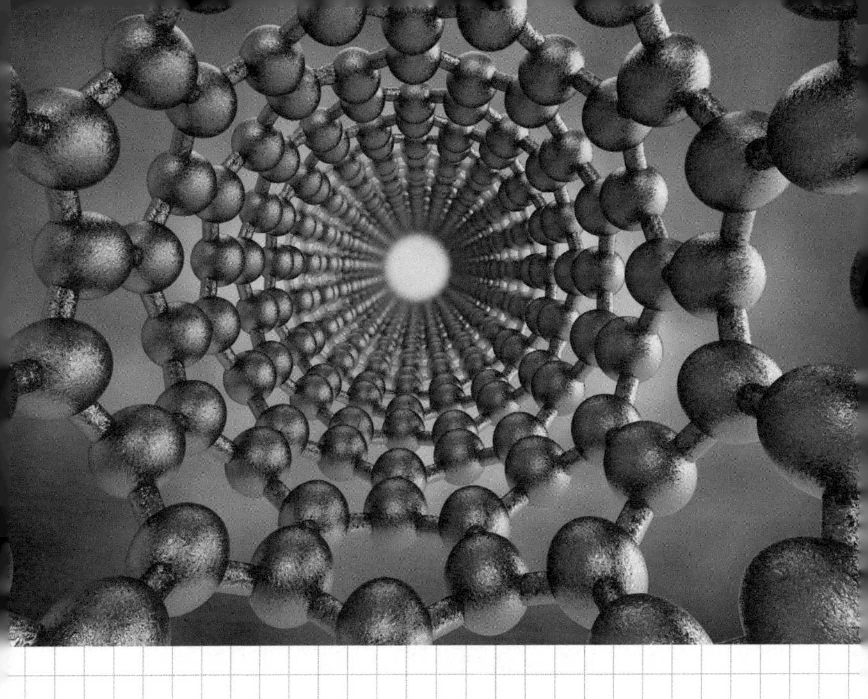

第三章　碳素纳米材料

碳在自然界中是最普通不过的元素。碳元素在自然界中分布很广且形态复杂，常见的如石油、天然气、动物体、稻米、小麦等都是碳的化合物，跟水、空气一样，碳与人类形影不离。同学们使用的碳素铅笔笔芯，冬季用来生火取暖的木炭，五光十色的金刚石，这些常见的物质都是碳的同素异形体——石墨、金刚石、无定形碳的不同呈现形式，其外观和物理性质的巨大差异源于其结构的不同。近四十年来，富勒烯、碳纳米管以及“材料之王”石墨烯的发现，丰富了碳的同素异形体家族，并因其优越的性能和巨大的应用潜质而备受学界和业界的青睐。

3.1
碳的同素异形体

碳元素

碳在元素周期表中属第Ⅳ主族，位于非金属性最强的卤素元素和金属性最强的碱金属之间。它在化学反应中既不容易失去电子，也不容易得到电子，难以形成离子键，而是形成特有的共价键，它的最高共价数为4。

根据杂化轨道理论，碳原子可形成单键、双键和三键，碳原子之间还可形成长长的直链、环形链、支链等，纵横交错，变幻无穷，因此碳呈现出奇异的特性。

▲碳的成键特征

杂化轨道	成键特征	举例
碳原子sp^3杂化	生成4个σ键，形成正四面体构型。例如金刚石、甲烷CH_4、四氯化碳CCl_4、乙烷C_2H_6等	在甲烷分子中，C原子4个sp^3杂化轨道与4个H原子生成4个σ共价键，分子构型为正四面体结构

（续表）

杂化轨道	成键特征	举例
碳原子 sp^2杂化	生成1个σ键，2个π键，平面三角形构型。例如石墨、$COCl_2$、C_2H_4、C_6H_6等	在$COCl_2$分子中，C原子以3个sp^2杂化轨道分别与2个Cl原子和1个O原子各生成1个σ共价键，它未参加杂化的那个p轨道上未成对的p电子与O原子中对称性相同的1个p轨道上的p电子生成了一个π共价键，所以在C和O原子之间是共价双键，分子构型为平面三角形
碳原子sp杂化-1	生成2个σ键，未杂化轨道生成2个π键，直线形构型。例如CO_2、C_2H_2等	在CO_2分子中，C原子以2个sp杂化轨道分别与2个O原子生成2个σ共价键，它的2个未参加杂化的p轨道上的2个p电子分别与2个O原子的对称性相同的2个p轨道上的3个p电子形成2个三中心四电子的大π键，所以CO_2是2个双键

（续表）

杂化轨道	成键特征	举例
碳原子sp杂化-2	生成1个σ键，1个π键，未杂化轨道生成1个配位π键和1对孤电子对，直线形构型	例如在CO分子中，C原子与O原子除了生成一个σ共价键和1个正常的π共价键外，C原子的未参加杂化的1个空的p轨道可以接受来自O原子的一对孤电子对而形成一个配位π键，所以CO分子中C与O之间是三键，还有1对孤电子对

碳是人类接触最早、利用最早的元素之一。碳在地壳中的质量分数为0.027%，在自然界中分布很广，是人类赖以生存的关键元素。可以说，没有碳，就没有生命。

在自然界中以化合物形式存在的碳有煤、石油、天然气、动植物体、石灰石、白云石、二氧化碳等。在自然界中，碳存在多种同素异形体，碳的同素异形体指的是纯碳元素所能构成的各种不同的分子结构。通常碳有三种同素异形体：金刚石、石墨、无定形碳，此外还有石墨烯、富勒烯、直链乙炔碳、碳纳米管、纤维碳、碳气凝胶、碳纳米泡沫等。

金刚石、石墨

金刚石晶莹美丽，光彩夺目，是自然界最硬的物质。测定物质硬度的刻画法规定，以金刚石的硬度为10来度量其他物质的硬度。例如Cr的硬度为9、Fe的硬度为4.5、Pb的硬度为1.5、Na的硬度为0.4等。在所有单质中，金刚石的熔点最高，达3550℃。

金刚石晶体属立方晶系，是典型的原子晶体，每个碳原子都以sp^3杂化轨道与另外4个碳原子形成共价键，构成正四面体。

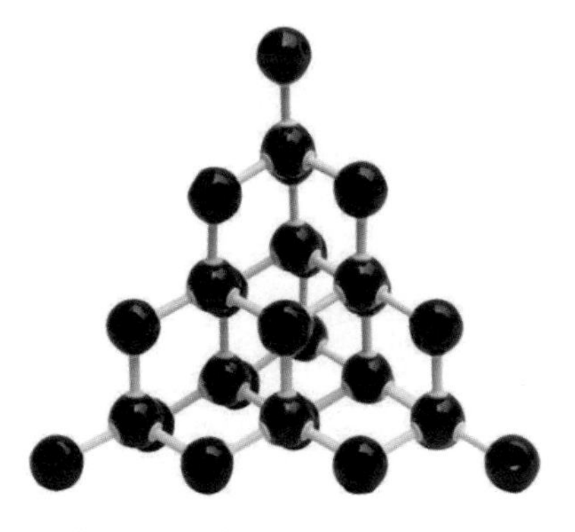

◆金刚石晶体结构

金刚石晶体中C—C键很强，所有价电子都参与了共价键的形成，晶体中没有自由电子，所以金刚石不仅硬度大、熔点高，而且不导电。

室温下，金刚石对所有的化学试剂都显惰性，但在空气中加热到827℃左右时能燃烧并释放CO_2。

金刚石俗称钻石，除用作装饰品外，主要用于制造钻探用的钻头和磨削工具，是重要的现代工业原料，价格十分昂贵。

石墨乌黑柔软，是世界上最软的矿石，其密度比金刚石小，熔点仅比金刚石低50℃，为3500℃。

在石墨晶体中，碳原子以sp^2杂化轨道和邻近的3个碳原子形成共价单键，构成六角平面的网状结构，这些网状结构又连成片层结构。层中每个碳原子均剩余一个未参加sp^2杂化的p轨道，其中有一个未成对的p电子，同一层这种碳原子中的M电子形成一个M中心M电子的大π键。这些离域电子可以在整个碳原子平面层中活动，所以石墨具有良好的导电和导热性能。

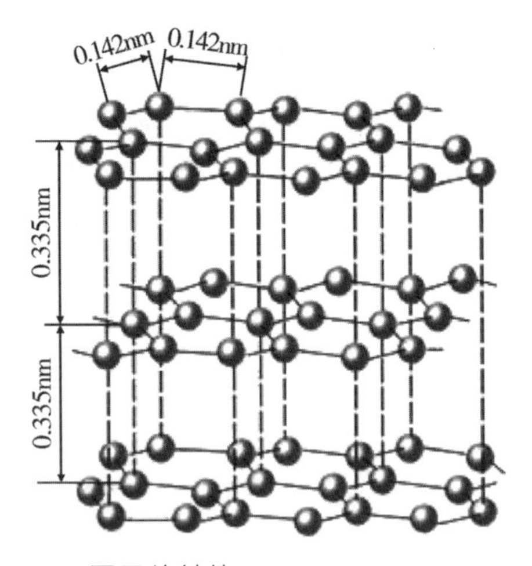

◆石墨晶体结构

石墨质软，具有润滑性，层与层之间是以分子间力结合起来的，因此容易沿着与层平行的方向滑动、裂开。由于石墨层中有自由的电子存在，其化学性质比金刚石稍活泼。石墨能导电，又具有化学惰性，耐高温，易于成型和机械加工，所以石墨被大量用来制作电极、高温热电偶、坩埚、电刷、润滑剂和铅笔芯等。

无定形碳

无定形碳指那些石墨化晶化程度很低，近似非晶形态（或无固定形状和周期性的结构规律）的碳材料，如炭黑等。无定形碳总体上看是非晶形态的，但不像非晶金属那样形成完全杂乱无序的原子凝集体。无定形碳中含有直径极小（小于30纳米）的二维石墨层面或三维石墨微晶，在微晶边缘上存在大量不规则的键。不能用单一的结构模式来表征这一大类物质，用碳质材料或过渡态碳来表述比较合适。无定形碳一般指木炭、焦炭、骨炭、糖炭、活性炭和炭黑等。除骨炭含碳在10%左右以外，其余的主要成分都是单质碳。煤炭是天然存在的无定形碳，其中含有一些由碳、氢、氮等组成的化合物。

无定形并不是指这些物质存在的形状，而是指其内部结构。实际上，它们的内部结构并不是真正的无定形体，而是具有和石墨一样结构的晶体，只是由碳原子六角形环状平面形成的层状结构凌乱且不规则，晶体有缺陷，而且晶粒微小，含有少量杂质。大部分无定形碳是石墨层型结构的分子碎片大致相互平行、无规则地堆积在一起，可简称为乱层结构。层间或碎片之间用金刚石结构的四面体成键方式的碳原子键连起来。如果这种四面体的碳原子所占的比例大，则比较坚硬，如焦炭和玻璃态碳等。

无定形碳涉及的面很广，日常生活和工农业生产中常用到无定形碳。

▲无定形碳及其基本用途

品名	性状	制取方法	基本用途
炭黑	黑色粉末	由天然气高温分解制得	一般用于制作黑色颜料、墨汁、油墨及作橡胶的耐磨增强剂等
焦炭	浅灰色、多孔坚硬固体	由烟煤隔绝空气加强热制得	可作燃料或还原剂，一般用于冶炼金属以及生产水煤气

（续表）

品名	性状	制取方法	基本用途
木炭	灰黑色、多孔性固体	由木材在隔绝空气的条件下加强热制得	一般用于燃料、火药的制作，以及作食品工业的吸附剂
活性炭	黑色、多孔性颗粒或粉末	由煤干馏、木材干馏、烃热分解或不完全燃烧制得	可作电冰箱的除臭剂、净水过滤器、防毒面具的滤毒罐、脱色剂等

富勒烯

20世纪80年代中期，人们发现了碳元素的第三种同素异形体——C_{60}。

1985年9月初，在美国得克萨斯州赖斯大学斯莫雷的实验室里，克罗托（Harold W. Kroto）等为了模拟N型红巨星附近大气中碳原子簇的形成过程，进行了石墨的激光气化实验。他们从所得的质谱图中发现一系列由偶数个碳原子所形成的分子，其中有一个比其他峰强度大20~25倍的峰，此峰的质量数对应于由60个碳原子所形成的分子——C_{60}。

层状的石墨和四面体结构的金刚石是碳的两种

稳定存在形式，当60个碳原子以它们中的任何一种形式排列时，都会存在许多悬键，就会非常活泼，不会显示出如此稳定的质谱信号。这说明C_{60}分子具有与石墨和金刚石完全不同的结构。由于受到建筑学家富勒（Buckminster Fuller）用五边形和六边形构成拱形圆顶建筑的启发，克罗托等认为C_{60}是由60个碳原子组成的球形32面体，即由12个五边形和20个六边形组成，只有这样C_{60}分子才不存在悬键。

在C_{60}分子中，每个碳原子以sp^2杂化轨道与相邻的三个碳原子相连，剩余的未参加杂化的一个p轨道在C_{60}球壳的外围和内腔形成球面大π键，从而具有芳香性。后来发现，这是一类新的结构，且陆续发现了C_{78}、C_{82}、C_{84}、C_{90}、C_{96}等。为了纪念富勒，他们将包括C_{60}在内的所有含偶数个碳原子所形成的分子统称为富勒烯。

从C_{60}被发现的短短几十年以来，富勒烯已经广泛地影响到物理学、化学、材料学、电子学、生物学、医药学等各个领域，极大地丰富和提高了科学理论，同时也显示出其巨大的潜在应用前景。

据报道，对C_{60}分子进行掺杂，使C_{60}分子在其笼内或笼外俘获其他原子或基团，形成类C_{60}的衍生物。例如$C_{60}F_{60}$，就是对C_{60}分子充分氟化，给C_{60}球面加上氟原子，把C_{60}球壳中的所有电子“锁住”，使它们不与其他分子结合，因此$C_{60}F_{60}$不容易粘在其他物质上，其润滑性比C_{60}要好，可做超级耐高温的润滑剂，被视为“分子滚珠”。再如，把K、Cs、Tl等金属原子掺进C_{60}分子的笼内，就能使其具有超导性能。用这种材料制成的电机，只要很少电量就能使转子不停地转动。再有$C_{60}H_{60}$这些相对分子质量很大的碳氢化合物热值极高，可做火箭的燃料。

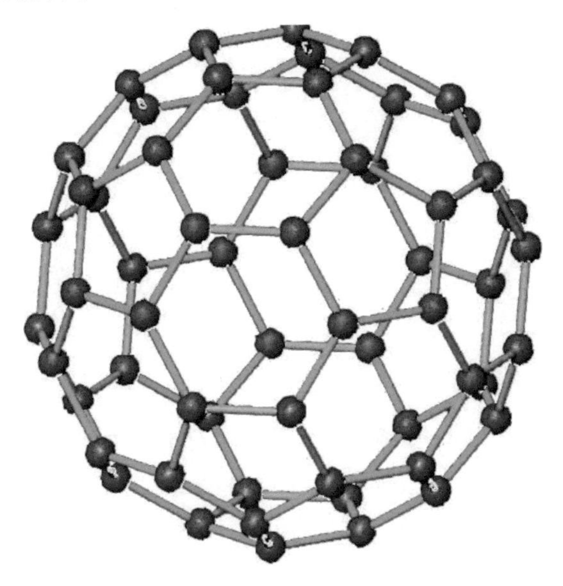

◆C_{60}晶体结构

碳纳米管

1991年，日本电气公司高级研究员饭岛澄男在《自然》杂志上宣布观察到碳纳米管。他在用石墨电弧法制备C_{60}的过程中，发现了一种多层管状的富勒结构，经研究证明是同轴多层的碳纳米管。碳纳米管，又名巴基管，是一种管状的碳分子，管上每个碳原子采取sp^2杂化，相互之间以碳—碳σ键结合起来，形成由六边形组成的蜂窝状结构，作为碳纳米管的骨架。每个碳原子上未参与杂化的一对p电子相互之间形成跨越整个碳纳米管的共轭π电子云。按照管子的层数不同，分为单壁碳纳米管和多壁碳纳米管。管子的半径方向非常细，只有纳米尺度，几万根碳纳米管并起来也只有一根头发丝宽，而在轴向则可长达数百微米。

碳纳米管作为一维纳米材料，重量轻，六边形结构连接完美，具有许多优异的力学、电学、光学、热学和化学性能。随着碳纳米管及纳米材料研究的深入，其广阔的应用前景也不断地展现出来。由于其独特的结构，碳纳米管的研究具有重大的理论意义和潜在的应用价值，其独特的结构是理想的一维模型材料；巨大的长径比使其有望用作坚韧的碳纤维，其强度为钢的100倍，重量则只有钢的六分之一，直径1

毫米的细丝足以承受20多吨的重物；同时它还有望用作分子导线、纳米半导体材料、催化剂载体、分子吸收剂和近场发射材料等。

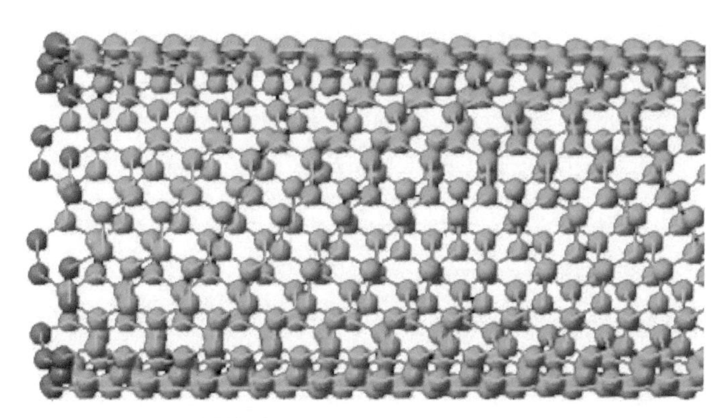

◆碳纳米管晶体结构

值得注意的是，碳纳米管具有巨大的表面积和表面疏水性，对共存污染物具有很强的吸附能力。因此，工程上大量应用碳纳米管存在污染环境的巨大风险。

3.2 “材料之王”石墨烯

海姆的逆袭

海姆（Andre Geim），出生于俄罗斯西南部的一个城市，1987年在俄罗斯科学院固体物理学研究院获得博士学位，毕业后在俄罗斯科学院微电子技术研究院工作三年，之后在英国诺丁汉大学、巴斯大学和丹麦哥本哈根大学继续研究工作。1994年，在荷兰奈梅亨大学担任副教授，与诺沃肖洛夫（Konstantin Novoselov）首度展开合作。2001年进入曼彻斯特大学任物理学教授。

◆海姆

海姆35岁之前按部就班，读博士，访学，没有自己的科研团队，更没有科研经费。36岁时，一个偶然的机会，海姆进入奈梅亨大学，从此步入学术生涯的快车道。为了能专心做科研，他选择加入荷兰国籍。他所在的实验室中，有一台能产生20特斯拉的超导磁铁，没有科研经费的海姆，便打起了这台超导磁铁设备的主意。他往20特斯拉的磁场中倒水，意外的情况发生了：一滴浑圆的水滴像失去了重力一样悬浮在磁场中。水分子具有抗磁性，但非常小，一般的磁场产生的斥力与水滴受到的重力相比，完全可以忽略不计。但海姆所用的磁场是如此之强，足以使水滴克服地球重力悬浮起来。受此启发，海姆想到生物体内绝大部分是水分，而且蛋白质等也具有抗磁性，于是他把一只青蛙扔到那个威力巨大的强磁场中。当青蛙被放到磁场中，青蛙的每个原子都像一个小磁针，外界磁场对这些小磁针产生了向上的力，如果磁场的强度适当，向上的力与青蛙所受的重力达到平衡，青蛙就能悬在空中。

石墨烯的发现

如果从原子尺度观察物质结构，原子们就像搭乐高积木一样构建出千变万化的物质世界。而在人们所认知的结构中，石墨绝对是一个另类。石墨的晶体结构是层状的，靠微弱的范德瓦耳斯力把相邻的两层黏合在一起。而单个石墨层，则是碳原子与碳原子相互连接形成正六边形，并延伸成一张原子网，这张网比钻石还硬。

有过削铅笔经验的人都很清楚，铅笔中的石墨芯是很软的，而且很容易就能掰断。用铅笔书写，其实就是将笔芯上脱落的石墨颗粒留在纸面上的过程。这是因为石墨相邻分子层的黏合力很弱，石墨层很容易发生相互移动或剥离。

海姆安排一个研究生磨石墨，希望他磨出单个石墨层。该研究生磨了几个月，磨到还有几千个原子层厚时，实在磨不下去了，他扫兴退出。此路不通，海姆另寻他途，他邀请荷兰奈梅亨大学博士生诺沃肖洛夫接手此项工作。或许你还有记忆，过去有同学会用透明胶代替橡皮擦“擦去”铅笔或者钢笔字迹，这一简便的方法居然被科学家用来进行科学研究。在磨制时，为了提高磨制效率，有学生用透明胶带贴在石墨表面，撕去石墨残渣，以净化石墨表面。海姆在显微镜下观察撕后的胶带，发现胶带上残留的石墨非常薄，有些只有几十个原子层厚。于是，他们转变思路，用透明胶带粘贴石墨，一遍又一遍地粘和撕，胶带上的石墨越来越薄，最终获得了单层石墨。2004年，海姆和诺沃肖洛夫用这种非常简单的方法制得了仅由一层碳原子构成的薄片，这就是石墨烯。这一发现震撼了凝聚态物理学界。2009年，海姆和诺沃肖洛夫在单层和双层石墨烯体系中分别发现了整数量子霍尔效应及常温条件下的量子霍尔效应。瑞典皇家学院将2010年诺贝尔物理学奖授予海姆和诺沃肖洛夫，以表彰他们在石墨烯材料方面的卓越研究。瑞典皇家科学院认为，海姆和诺沃肖洛夫的研究成果不仅带来一场电子材料革命，而且还将极大地促进汽车、飞机和航天工业的发展。

石墨烯的性能

实际上，石墨烯本来就存在于自然界，只是难以剥离出单层结构。石墨烯是目前已知材料中最薄的一种，薄到只有一层原子。石墨烯一层层叠起来就是石墨，厚1毫米的石墨大约包含300万层石墨烯。

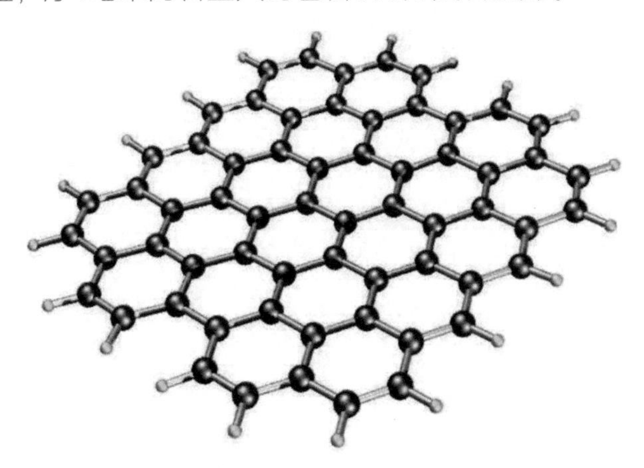

◆石墨烯晶体结构

石墨烯是一种二维碳材料，是单层石墨烯、双层石墨烯和多层石墨烯的统称。

（1）单层石墨烯：指由一层以苯环结构（即六角形蜂巢结构）周期性紧密堆积的碳原子构成的一种二维碳材料。

（2）双层石墨烯：指由两层以苯环结构（即六角形蜂巢结构）周期性紧密堆积的碳原子以不同堆垛方式（包括AB堆垛、AA堆垛等）堆垛构成的一种二维碳材料。

（3）少层石墨烯：指由3~10层以苯环结构（即六角形蜂巢结构）周期性紧密堆积的碳原子以不同堆垛方式（包括ABC堆垛、ABA堆垛等）堆垛构成的一种二维碳材料。

（4）多层或厚层石墨烯：指厚度在10层以上、10纳米以下以苯环结构周期性紧密堆积的碳原子以不同堆垛方式堆垛构成的一种二维碳材料。

平常我们所说的石墨烯的很多性能是基于单层或双层石墨烯。石墨烯性能优良，被誉为新世纪的“材料之王”。

▲石墨烯的性能

性能	特点
力学性能	最高硬度却不乏韧性：石墨烯是迄今人类已知的硬度最高的物质（杨氏模量达1.0TPa），还拥有很好的韧性（4kg/cm^2），可以弯曲。 高强度：强度高达1000Pa，比世界上最好的钢铁要高100倍
电学性能	载流子迁移率高达150 000cm^2/（V·s），为商用硅片的10倍。 电流密度耐性可望达到2108A/cm^2，为铜的100倍
热学性能	极高导热性：单层石墨烯的导热系数可达5300W/（m·K）。 熔点高：熔点高达5000K。 在非极性溶剂中表现出良好的溶解性，具有超疏水性和超亲油性
光学性能	具有非常良好的光学特性，在较宽波长范围内吸收率约为2.3%，看上去几乎是透明的
化学性能	超大比表面积：单层石墨烯的比表面积高达2630m^2/g。 超强的耐腐蚀性。 可以吸附并脱附各种原子和分子

3.3 石墨烯应用举例

超轻、高柔性、高强度、高导电性等特点使得石墨烯被誉为一种新的神奇材料。石墨烯也因其在能源、生物技术、航天航空等领域具有极其广泛的应用前景而被认为是21世纪的“材料之王”。有专家预计，石墨烯将主要用于导电油墨、防腐涂料、散热材料、超级电容器、锂电池等五大领域。

导电油墨

导电油墨是用导电材料制成的油墨，具有一定程度的导电性能，可作印刷导电点或导电线路之用。近年来在手机、玩具、薄膜开关、太阳能电池、远红外发热膜以及射频识别技术等行业中应用越来越广泛。过去数十年，导电油墨最大的下游是太阳能电池以及显示器件。

石墨烯导电油墨具有强大优势，发展前景被普遍看好。导电油墨属于填充型复合材料，是印刷与烧结处理后具有导电性能的油墨。石墨烯应用在油墨的优势主要有两点：一是兼容性强，石墨烯油墨可在塑料薄膜、纸张及金属箔片等多种基材上实现印刷；二是性价比高，与现有的纳米金属导电油墨相比，石墨烯油墨具有较大的成本优势。

由于石墨烯的良好性能，其制成的油墨具有电阻小、导电性强以及光学透明性高等特点，在各类导电线路以及传感器、无线射频识别系统、智能包装、医学监视器等电子产品中被广泛应用。

◆石墨烯导电油墨

防腐涂料

防腐涂料主要应用于船舶、石油化工、桥梁、集装箱等领域。涂料中添加石墨烯后，石墨烯能够形成稳定的导电网格，有效提高锌粉的利用率。从实际效果来看，添加约5%的石墨烯粉，可减少50%的锌粉使用量。同时，石墨烯涂层能在金属表面与活性介质之间形成物理阻隔层，对基底材料起到良好的防护作用。

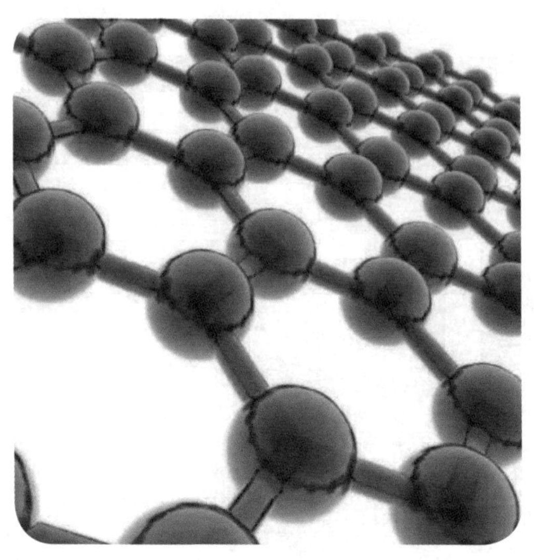

◆石墨烯防腐涂料

在我国，石墨烯新型防腐涂料已应用于海上风电塔筒的防腐。未来，石油化工、铁路交通、新能源、基础设施建设等蓬勃发展，为石墨烯防腐涂料提供了广阔的市场空间。

散热材料

电子和光子器件的散热是影响电子技术发展的主要问题，手机、电脑、微型电路等设备的散热主要通过各类散热片来解决。目前，市场中电子产品的散热片主要是石墨散热片。

2016年，哈尔滨工业大学杜善义院士团队在国际上首次制备出石墨烯复合材料散热片，有效地解决了5G产品散热瓶颈的问题。石墨烯散热片的散热快、可折叠等性能要远远优于石墨散热片。尤其在智能手机领域，手机要求轻薄、便携，未来要求可折叠，因此石墨烯散热膜具有极大优势。

◆杜善义院士在讲学

超级电容器

石墨烯的电导率高、比表面积大，且化学结构稳定，有利于电子的渗透和运输，更加适合作为超级电容器电极材料。目前，我国已经实现石墨烯超级电容器的投产。中国中车股份有限公司研发的3伏/12000法拉石墨烯/活性炭复合电极超级电容器和2.8伏/30000法拉石墨烯纳米混合型超级电容器已经获得中国工程院鉴定，整体技术达到世界超级电容单体技术的最高水平。

◆石墨烯超级电容器

锂电池

石墨烯在锂离子电池中的应用比较多元化，已经实现商业化的是用在正极材料中作为导电添加剂，来改善电极材料的导电性能，提高倍率性能和循环寿命。目前比较成熟的应用是将石墨烯制成导电浆料用于包覆磷酸铁锂等正极材料。

正极用包覆浆料主要包括石墨浆料、碳纳米管浆料等，随着石墨烯粉体、石墨烯微片粉体量产及成本持续降低，石墨烯浆料将呈现更好的包覆性能。石墨烯浆料将随锂电池增长而稳步上升。锂离子电池主要应用于手机、笔记本电脑、摄像机等便携式电子器件等方面，并积极地向电动汽车等新能源汽车领域扩展，具有长远发展前景。

2016年7月1日，东旭光电投资5亿建设石墨烯基锂电池项目，牵手交大成立石墨烯技术研发中心，并与美国凯途能源等多家公司签订合作协议，共同致力于石墨烯在动力电池、动力锂电池、小型动力电池、锂电池正极材料等领域的应用发展和市场推广，推进高科技成果的转化。

2016年12月1日，在第57届日本电池大会上，华为宣布在锂离子电池研究领域实现重大突破，并推出业界首个高温长寿命石墨烯基锂离子电池。以石墨烯为基础的新型耐高温技术可以将锂离子电池使用温度上限提高10℃，使用寿命提高到普通锂离子电池的2倍。

由于石墨烯对电池性能有诸多提升作用，对动力电池性能要求的不断提升必将拉动石墨烯在电池领域的发展。同时石墨烯电池行业规模有望充分受益于动力电池的放量，分享新能源汽车行业的增长。

石墨烯产业链预期

2018年3月31日，中国首条全自动量产石墨烯有机太阳能光电子器件生产线在山东菏泽启动，该项目主要生产可在弱光下发电的石墨烯有机太阳能电池，破解了应用局限、对角度敏感、不易造型这三大太阳能发电难题。

2018年6月27日，中国石墨烯产业技术创新战略联盟发布新制定的团体标准《含有石墨烯材料的产品命名指南》，规定了石墨烯材料相关新产品的命名方法。

中国工业和信息化部发布的《新材料产业“十二五”发展规划》把石墨烯作为前沿新材料之一。国家科技重大专项、973计划也持续围绕石墨烯部署了一批重大项目。石墨烯未来的市场规模可达万亿美元以上。

中国石墨烯产业技术创新联盟在上海发布了2016全球石墨烯产业研究报告，中国将在全球石墨烯行业中起到主导和核心作用。

石墨烯的应用领域如下页表所示。

▲石墨烯的应用领域

应用领域	具体应用
添加剂	功能材料、橡胶、塑料等；改善防腐、导热/电、阻燃、耐磨等功能；锂电池：导电添加剂；职能内暖服饰：加热膜应用；电学材料：导电油墨
电子领域	柔性触控屏、可穿戴设备；压力传感器；超级电容器、电极材料；散热材料
微电子领域	半导体器件
生物医药领域	疾病诊断、微生物检测
环境领域	海水淡化、污水处理
基因测序	第三代测序技术

3.4 石墨烯研究最新进展

大尺度单晶石墨烯薄膜问世

2019年，美国橡树岭国家实验室（Oak Ridge National Laboratory，ORNL）在《自然材料》（*Nature Materials*）上发表的一篇研究报告宣称，该实验室使用新方法制造出一种大型单层晶体状石墨烯薄膜，其长度超过30厘米。他们使用的是化学气相沉积法，采用了一种扭转方法。通信作者弗拉西乌（Ivan Vlassiouk）说："我们的方法不仅是推动单晶石墨烯大规模生产的技术关键，也可能是提高其他二维材料产量的技术关键。"

就像采用传统的化学气相沉积法生产石墨烯一样，研究人员将碳氢化合物前体分子的混合物喷射到金属的多晶箔上。他们小心地控制着碳氢化合物前体分子的局部沉积，将其直接带到正在出现的石墨烯薄膜的边缘。当底物移动到其下面时，碳原子不断地聚集成石墨烯的单晶，长达30厘米。当碳氢化合物接触到热的催化剂箔时，它们形成了碳原子簇。随着时间的推移，这些碳原子会在更大的范围内生长，直到凝聚到整个基体上。由于气体混合物的浓度对单晶生长的速度有很大的影响，所以在单层石墨烯晶体的现有边缘附近提供碳氢化合物前体，可以比新簇的形成更有效地促进其生长。在这样一个受控的环境中，石墨烯晶体生长速度最快的方向会超过其他晶体，并将“进化选择”变成单个晶体。

使用该方法实际扩大石墨烯的规模还有待观察，但研究人员相信，他们的进化选择单晶生长方法有广阔的应用前景。

石墨烯具有非常规超导电性

2018年3月5日，《自然》杂志连刊两文，麻省理工学院赫雷罗（Pablo Jarillo-Herrero）教授课题组报道了石墨烯在1.7K（−271℃）下具有非常规超导电性。两篇重磅文章第一作者都是来自中国的博士生曹原。

◆赫雷罗和曹原

曹原，1996年出生于四川成都，3岁随家人迁往深圳。他天资聪慧，善于自学，两年学完中学课程，14岁考入中国科学技术大学少年班；16岁被派往美国密歇根大学交流学习；17岁受邀前往牛津大学做科研实践；18岁获郭沫若奖学金，赴美国麻省理工学院攻读博士学位。读博期间，他倾力研究超导石墨烯的超导电性。他推测：当叠在一起的两层石墨烯彼此之间发生轻微偏移的时候，材料会发生剧变，有可能实现超导电性。他的这一想法遭到诸多权威人士的质疑，甚至被认为不过是毛孩子的美好幻想。然而，曹原并没有因权威的质疑而退缩，依然坚持试验。他信心满满，屡试屡败，屡败屡试。终于有一次，奇迹发生了：在低温1.7K环境下，当他将两层石墨烯旋转到“魔法角度”（1.1°）叠加时，发现石墨烯可以在零阻力的情况下传导电子。他顿时欣喜若狂！他本着科学严谨的态度，小心谨慎，又经过半年多的反复实验，石墨烯非常规超导电性试验终于成功！

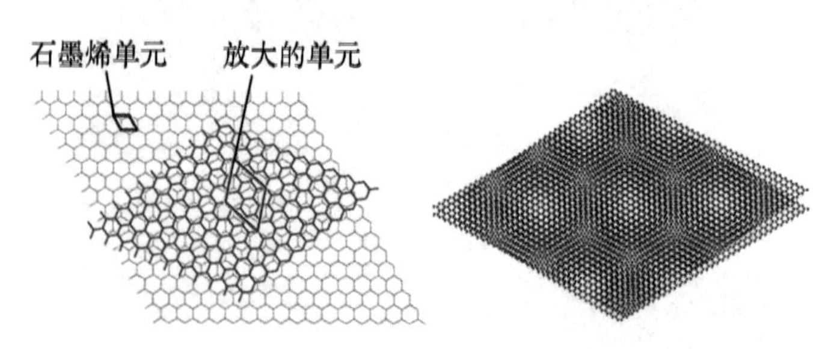

◆不同角度扭曲的双层石墨烯

2018年3月5日，他将整理好的论文投给了《自然》杂志。《自然》杂志的编辑立刻在网站上刊出，并配以权威评述。此时距离荷兰物理学家昂内斯（Heike Kamerlingh Onnes）发现超导体已足足107年。诺贝尔奖获得者劳克林（Robert Betts Laughlin）评论说：物理学家们已经在黑暗（超导研究）中徘徊了30年，试图揭开铜氧化物超导的秘密，而今天，我们的这位中国天才少年，成为照亮黑暗的那盏明灯！

这一发现的重要意义在于找到了实现绝缘体到超导体转变的方法：两层石墨烯以一个小角度扭曲在1.7K的低温条件下实现了低温超导。尽管已知材料中超导临界温度都高于1.7K，但以往的超导性都是各种材料本身的属性，比如铜氧化物超导体、金属和合金超导体、铁基超导体、有机超导体等。石墨烯本不具有超导性能，而双层石墨烯在某个操作角度便可实现超导体，这是人工操作石墨烯实现了结构相变，从而具有非常规超导电性，曹原的这一小角度为超导领域开启了一扇新大门！

石墨烯在智能手机中的应用

目前智能手机领域使用最多的电源依旧是锂电池，但由于其能量密度偏低、储电成本偏高等行业瓶颈，在很大程度上限制了手机厂商的发挥空间，石墨烯材料和石墨烯技术成为改变未来手机电池续航的关键。

2018年10月16日，华为在伦敦发布新旗舰手机Mate 20系列。华为Mate 20系列选择了超大容量的5000 mAh电池，引入全新散热系统，创造性地采用石墨烯+液冷散热系统组合的散热系统，获得出众的急速冷却性能，让CPU和GPU可以持久保持火力全开状态，即使在大型游戏场景下，特效全开也能持久鏖战，带给手机用户更快速、更流畅、更酷爽的竞技体验，这也是石墨烯技术自问世以来首次在智能手机上得到应用。

石墨烯电池主要优势在于其使用寿命和充电速度。经过实验测试，石墨烯电池2000次充放电衰减率在15%以内，而普通锂电池为40%~80%。

中国发布石墨烯国家标准

2015年5月8日，国务院发布了《中国制造2025》，部署全面推进制造强国战略，推动“中国制造”升级为“中国智造”。2015年9月29日，国家制造强国建设战略咨询委员会发布《〈中国制造2025〉重点领域技术路线图》，明确了石墨烯的技术发展路径。为了引导石墨烯产业创新发展，助推传统产业改造提升、支撑新兴产业培育壮大、带动材料产业升级换代，2015年11月30日，国家发展和改革委员会、工业与信息化部、科学技术部等印发的《关于加快石墨烯产业创新发展的若干意见》提出：到2018年，中国石墨烯材料制备、应用开发、终端应用等关键环节良性互动的产业体系基本建立，产品标准和技术规范基本完善，开发出百余项实用技术和样品，推动一批产业示范项目，实现石墨烯材料稳定生产，在部分工业产品和民生消费品上的产业化应用；到2020年，形成完善的石墨烯产业体系，实现石墨烯材料标准化、系列化和低成本化，建立若干具有石墨烯特色的创新平台，掌握一批核心应用技术，在多领域实现规模化应用，形成若干家具有核心竞争力的石墨烯企业，建成以石墨烯为特色的新型工业化产业示范基地。

2018年12月29日，中国第一个石墨烯国家标准《纳米科技术语第13部分：石墨烯及相关二维材料》（GB/T 30544.13—2018）正式发布，自2019年11月1日起开始实施。该标准的制定及发布，为我国石墨烯的生产、应用、检验、流通、科研等领域，提供统一技术用语的基本依据，是开展石墨烯各种技术标准研究及制定工作的重要基础及前提。它首次明确回答了我国石墨烯上下游相关产业共同关注的核心热点问题，其内容不仅充分考虑了国内各界的意见和建议，同时也和国际标准保持一致。

近年来，涉及石墨烯的新发现、新发明层出不穷，石墨烯产业化，尤其是石墨烯与传统产业的融合，引起一系列新的技术革新和技术革命，要形成完善的石墨烯产业体系，必须不断地更新、充实石墨烯产业标准，发挥国内外智库（科学家、工程师、企业家群体，科研院所、高等院校和高新企业团队）的独特作用，逐步建立并健全完善石墨烯技术标准体系和产品产业标准体系，以规范石墨烯技术研究和产业运行，拉动社会经济，提升技术服务效率。

第四章　纳米技术在中国

2017 年 8 月 29 日，第七届中国国际纳米科学技术会议发布了《国之大器 始于毫末——中国纳米科学与技术发展状况概览》中英文白皮书，揭示了中国纳米科学技术在全球所处的位置、发展优势和面临的挑战及其未来展望。

4.1 中国纳米技术的发端

搭上纳米技术早班车

20世纪80年代起，纳米技术逐渐被世界关注。1985 年发现富勒烯（C_{60}），1990年在镍表面用35个氙原子拼出“IBM”字样，1991年成功合成碳纳米管，纳米技术日趋成为世界学术热点。

中国搭上世界纳米技术早班车，中国科学院固体物理研究所（简称“固体所”）是主要推手之一。1985—1987年，固体所学者跟西方同行频繁接触，参加世界学术前沿交流活动。1985年8月，葛庭燧、张立德应邀赴日本考察并参加国际学术会议，其间偶遇德国金属材料专家格莱特（H. Gleiter），获悉他领导的实验室正在研究纳米尺度材料。1986年6月，格莱特应葛庭燧邀请前来固体所讲学，讨论了纳米材料研究的发展动向。1987年6月，张立德访问德国萨尔州立大学新材料实验室，考察了纳米尺度材料的制备等研究工作。在葛庭燧、严东生和冯端等老一代科学家和国家有关部委的大力支持下，固体所发起并组织了第一、第二、第三届全国纳米会议，参加了国家攀登项目“纳米材料科学的研究”（1992），主持了国家“973”项目“纳米材料和纳米结构的研究”（1995），撰写纳米材料学科发展蓝皮书等，为我国纳米技术跻身世界前列发挥了重要作用。同时，该所还积极倡导纳米产业化，与中国材料研究会联合举办了四届纳米材料应用会议（1997—2001），促进了科学界、企业界的对接；及时实施专利技术产业化转移，在泰兴、舟山和杭州建立了三条纳米粉体材料生产线；成立了“纳米材料及应用工程技术研究中心”（1995）；主导成立“安徽纳米材料及应用产业技术创新战略联盟”（2010），促进了我国纳米技术的快速发展。

中国纳米技术早期成就

20世纪90年代，科技部、国家自然科学基金委等组织实施了大小近千项纳米科技攻关项目，促进了中国纳米技术的科研产出。2000年，成立了国家纳米科技指导协调委员会。2006 年，发布了《国家中长期科学和技术发展规划纲要（2006—2020年）》，部署了纳米科技研究计划。2003年，国家纳米技术中心成立。随后，浙江加州国际纳米技术研究院、国家纳米技术与工程研究院、中国科学院苏州纳米技术与纳米仿生研究所、中国科学院北京纳米能源与系统研究所等纳米技术机构相继成立，科研院所和高等院校的材料院系室（中心）如雨后春笋般涌现，纷纷加入纳米技术研究行列，取得了不俗的成绩。

▲早期中国纳米技术研究成果举例

科研成就	完成时间	主要完成人	技术描述
定向碳纳米管阵列的合成	1992年	中国科学院固体物理研究所解思深团队	利用化学气相法高效制备出孔径约20纳米，长度约100微米的碳纳米管。由此制备出碳纳米管阵列，其面积达3毫米×3毫米，碳纳米管间距为100微米
氮化镓纳米棒的制备	1998年	清华大学范守善团队	利用碳纳米管制备出直径3~40纳米、长度微米量级的半导体氮化镓一维纳米棒，提出碳纳米管限制反应的概念。在国际上首次实现硅衬底上碳纳米管阵列的自组织生长
催化热解法制备纳米金刚石	1998年	山东大学钱逸泰团队	在相对较低温度的条件下通过催化还原热解过程成功地合成金刚石粉末

（续表）

科研成就	完成时间	主要完成人	技术描述
一维纳米线及其有序阵列的制备	2001年	中国科学院固体物理研究所张立德团队	提出单晶纳米阵列的合成策略，发展了几种新的可控合成方法，合成了系列纳米线有序阵列，并以下一代纳米器件为导向，开拓了异质复杂纳米结构制备的新技术
纯铁块的表面氮化技术	2003年	中国科学院金属研究所卢柯团队	提出表面纳米化技术并加以应用，发展成为国际纳米材料研究领域一个新的前沿方向。在300℃的温度环境中成功实现纯铁块的表面氮化

1998年，固体所开始进行一维纳米阵列的制备技术研究。当时国际上的研究方法大多是利用氧化铝（Al_2O_3）有序孔洞模板在孔洞中合成纳米线。国际权威学者曾撰文断言：“在有序孔洞模板纳米通道内容易生长直径粗大的多晶纳米结构，难以获得直径细小的单晶纳米线。”固体所纳米研究组不为权威断言所惑，坚持科学探索不动摇，他们认真分析了纳米通

道内单晶生长的规律，系统研究了在一维纳米空间随机生长转向取向生长的条件。经过两年多的反复实验，在纳米材料制备技术研究上取得新突破：提出单晶纳米阵列的合成策略，发展了几种新的可控合成方法，合成了系列纳米线有序阵列；以下一代纳米器件为导向，开拓了异质复杂纳米结构制备的新技术。这一成果得到国际同行高度赞誉，成为中国早期纳米技术的代表性成果。

◆固体所纳米项目组在研讨

4.2 中国纳米技术的地位

在纳米技术领域，我国是当今世界纳米技术重要的贡献者，处于世界第一方阵：中国是世界纳米技术研发大国，部分基础研究跃居国际领先行列；中国纳米技术应用研究与成果转化的成效也已初具规模；在专利申请量方面，中国位于世界前列。

不断崛起的中国纳米技术

中国的纳米技术在不断崛起，中国的科研产出实现了人类有史以来前所未有的增长。1997年，中国的科研人员参与撰写的科研论文约占《科学引文索引》期刊全球所发表论文数量的2%。到2016年，中国几乎贡献了全球四分之一的原创论文。其中，最能凸显这一发展趋势的研究领域当数纳米技术。1997年，全球共发表了约1.3万篇与纳米技术相关的论文；到2016年，已增至15.4万篇。中国在纳米技术方面的论文产出由1997年的820篇猛增至2016年的5.2万余篇。

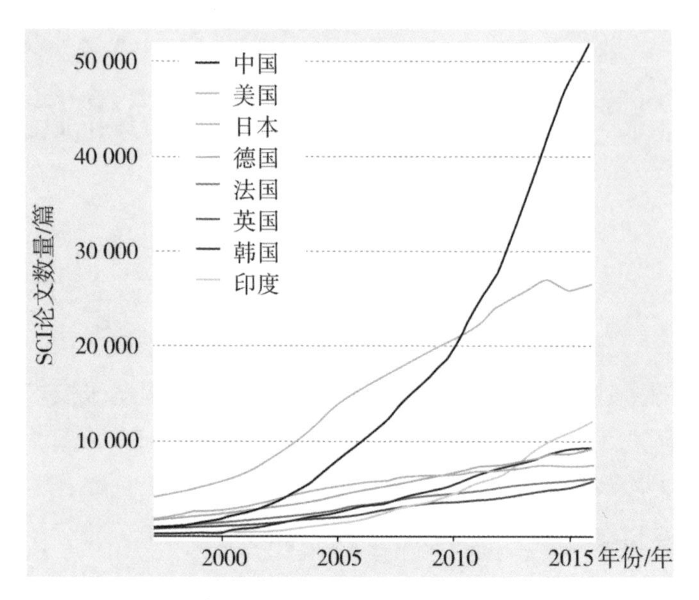

◆1997—2016年SCI论文数量国别比较

中国对全球纳米技术的贡献一直保持稳步增长。1997年，与纳米相关的SCI论文中只有6%涉及中国作者，到2010年，中国已与美国旗鼓相当。2016年，中国贡献了全球超过三分之一的纳米技术论文，几乎是美国的两倍。2007年以来，中国在纳米领域的高被引论文占比更高，逐年增长率甚至超过了该领域总产出占比的增长率，是全球增长率的三倍多。

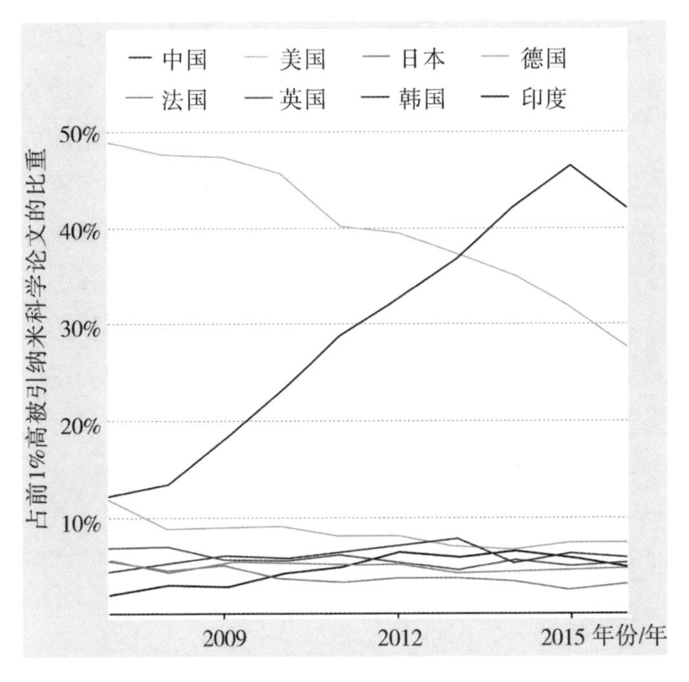

◆1997—2016年占前1%高被引纳米科学论文占比国别比较

中国科学家对多种纳米材料都有研究，其中最常见的是纳米结构材料、纳米颗粒、纳米片、多孔纳米材料和纳米器件。此外，中国在富勒烯、DNA 折纸术和纳米凝胶等领域的研究成果，也有快速增长。中国在催化研究方面有明显的领先优势，大部分高质量的纳米技术论文都出自催化研究领域。

自2008年起，中国的年度专利申请量已超过美国，成为世界第一，其增长速度远高于世界平均水平。中国在多个热门纳米技术应用领域都有大量的专利申请，其中最多的是高分子合成和超分子化合物的专利。从专利增长趋势来看，高分子合成和超分子化合物是中国纳米专利申请量增长最快的领域，其中包括涂料、打印墨水、染料、黏合剂、纤维材料和纺织品加工处理技术等。此外，中国在催化等促成物理或化学过程的技术或装置的专利申请增速也很快。

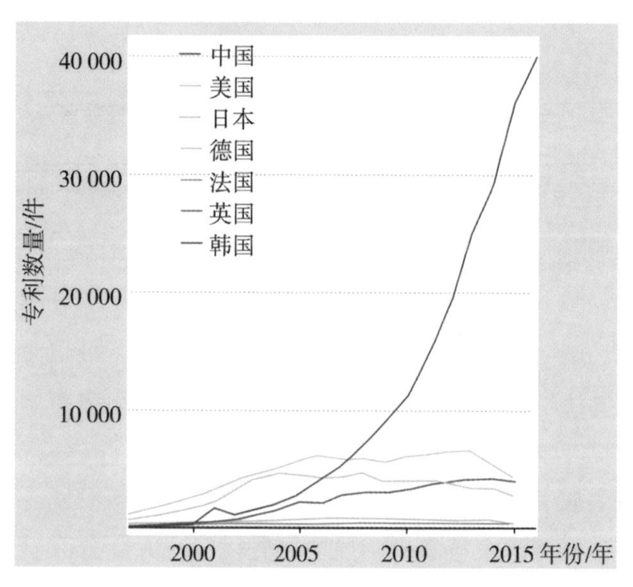

◆1997—2016年纳米技术专利申请量国别比较

中国最具发展前景的领域

中国经济持续增长，政府大力扶持和倡导科技创新，中国的科技投入，尤其是对纳米技术的投入有望继续增加。大量优质资源被投入到纳米材料、表征技术、纳米器件与制造、纳米催化技术与纳米生物医药等领域的基础和应用研究中。催化、能源、医药成为纳米技术最具发展前景的几个领域。

★催化

中国有望继续保持催化技术和纳米催化材料领域的领先优势。以纳米结构为基础的催化剂能够加快化学反应，因此在化学或化工产业及炼油行业有广阔的应用前景。2016年，中国科学院大连化学物理研究所包信和院士与潘秀莲研究员领导的团队提出了不同于传统费托过程的新路线（OX-ZEO过程），创造性地采用一种新型的双功能纳米复合催化剂，可催化合成气直接转化一步获得低碳烯烃，选择性高达80%，且C2-C4烃类选择性超过90%，远高于传统费托过程低碳烃的选择性理论极限58%，而且在110小时的测试中催化剂性能稳定。该催化剂巧妙地使CO分子的活化和中间体C-C偶联两个关键步骤的催化活性中心有效分离：其中CO和H_2分子在部分还原的金属氧化物缺陷位上吸附活化，生成CH_2中间体，活泼的CH_2与CO结合成气相中间体CH_2CO，进入分子筛MSAPO酸性孔道的限域环境中进行择型C-C偶联反应，从而实现定向生成低碳烯烃。研究表明，通过对分子筛孔道结构和酸性质的调控，可以实现产物分子的可控调变。通过CO替代H_2来消除烃类形成中多余的氧原子，在反应不改变CO_2总排放的情况下，原理上可以摒弃高能耗和高水耗的水煤气变换制氢反应，降低化学反应本身的能耗和水耗。为进一步发展我国煤转化制低碳烯烃战略新兴产业开辟了一条新的技术路线。

★能源

能源的重要性和发展可再生能源的必要性已被广泛认可，尤其是日益突出的环境问题已引起政府的高度重视。中国致力于长期投资新能源的研究，为中国纳米能源的发展带来光明前景。太阳能产业的上游在中国，这为进行新能源研发的科研人员带来丰富资源，有利于他们挖掘源头。由于中国政府具有强大的资源调动能力，因此在开发纳米能源技术和推广可再生能源方面，中国更有优势。中国某些领域的纳米能源研究已引领世界，尤其是锂离子电池的开发。2018年，北京化工大学于中振与李晓锋在国际顶级学术期刊《先进材料》（*Advanced Materials*）上发表研究论文，公布了通过还原氧化石墨烯膜前体来制备具有可设计微孔结构的石墨烯膜的最新进展。研究发现：该方法制备的多孔石墨烯膜表现出优异的可折叠性，并且可以在去除应力之后恢复到原始形状而不发生屈服或塑性变形。石墨烯膜在极限温度条件下仍然可保持出色的可折叠性：在经过约1300 ℃的热退火之后，多孔石墨烯膜的可折叠性能也不会受损，并且热退火膜在液氮中也表现出完全的可折叠性。最近，中国一个研究团队发明了一种折叠式氧化石墨烯薄膜设备，能利用太阳能淡化盐水，淡化过程中的热量损失被降到最低，效率很高。中国还有许多研究团队正在为开发低成本、高效率的钙钛矿太阳能电池作出重要贡献。

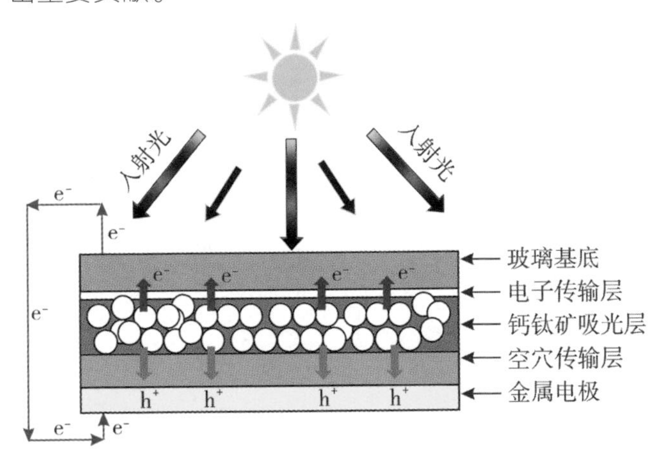

◆钙钛矿太阳能电池的构造与运行机理示意图

★医药

纳米医药令人振奋的地方在于它在诊断和治疗上的应用。通过运用纳米技术，我们能够控制药物释放并更好地实现靶向治疗。纳米材料用于药物传送，以及用纳米粒子来制成治疗药物，潜力巨大。然而，与西方一些发达国家相比，中国的基础生命科学研究和生物医学研发能力仍较为薄弱。生物医学专业知识的缺乏限制了纳米医药的发展。目前中国从事纳米医药研究的科学家大多拥有化学或材料科学背景，但动物模型和临床研究的经验相对有限。不过，中国政府已对生命科学和生物医学进行大量投入，这些领域的高质量研究产出正在迅速增加。

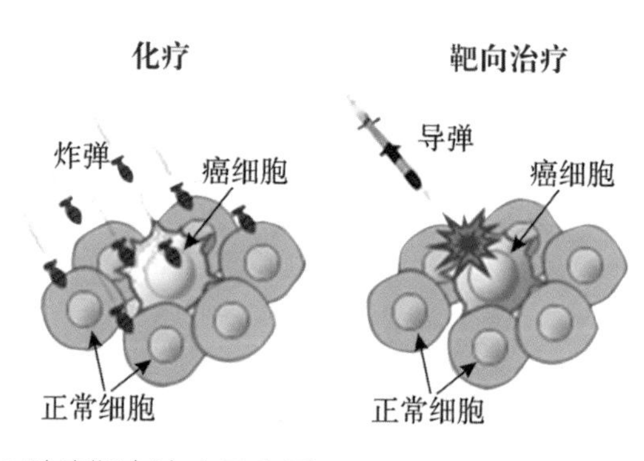

◆肿瘤靶向治疗示意图

4.3 中国纳米技术大有可为

50年前，实现对材料世界的纳米级操控似乎还只是幻想。如今，机器已能将DNA分子链穿过纳米级宽的孔来进行基因组测序，防晒霜里已有纳米陶瓷粒子阻挡紫外线，制造计算机芯片的晶体管只有10纳米大小，这一切都是很平常的事。

纳米技术本质上具有跨学科、广泛性、合作性的特点，其发展取决于能否融合不同学科的专业知识，也就是取决于物理学家、化学家、生物学家、材料科学家、临床研究者和工程师能否建立一种共同语言。这意味着研究机构、政策制定者和科研资助机构需要建立并扩大有利于跨学科合作的项目，避免简单地按物理学、化学、生物学和其他传统学科来对研究项目进行分类。

当前，我国纳米技术主导下的纳米经济在蓬勃发展。为了使我国纳米经济健康快速发展，必须采取有力的措施。

加大研究投入

尽管我国在纳米技术方面的论文和专利都位居世界第一，但真正有辨识度的学术成就和标志性的产品品牌还很少。这是因为过去我们在科研评价机制上过于简单化，过于重视论文发表数量或专利申请数量，而忽视其内在质量和转化效果，导致科研的取向从发现新知识偏离到生产论文和专利。

两三百年来的历史表明：世界上大多数意义深远的创新都源于基础科学的发现，世界科技强国都是基础研究经费投入大国。然而，纯基础研究的成功率一般只有3%，应用基础研究的成功率只有15%，从获得基础研究的知识发现到实现商业化，往往要经历20~30年。目前在科研成果短期产出与研究人员待遇直接挂钩的评价体制下，基础研究平均3% 的成功率和长达20~30年的成果转化周期，造成重应用研究轻基础研究的局面，这是我国创新后劲不足的根源所在。近些年，我国科研投入有所增加，但与世界科技强国相比，还有很大的提升空间。为了夯实创新发展的基础，政府应该平衡好基础研究与应用研究的支持力度。首先，要重点支持一批基础研究，给科学家充分的时间和空间，让他们自由探索自己的创新想法，追随自己的科学兴趣，为应用研究和创新发展储备资源。其次，政府需要在应用研究上有更多投入，以促进纳米技术成果的转化，提升中国纳米产品的国际影响力。政府需要进一步鼓励企业的研发工作，并优化有利于科技成果产业化的机制。这是一项长期任务，产业化过程需要循序渐进，必须警惕急功近利的行为。科学家站在科技前沿，对颠覆性技术的预见力强于产业领袖或政策制定者，因此应发挥科学家的智库作用，让他们在引导经费投资方向上发挥更大的作用。

完善合作机制

纳米技术本质上是跨学科融合，它涉及诸多不同的传统学科，如化学、物理学、工程学、生物学和医学等，因此发展纳米技术更应该建立健全合作机制。

首先，要进一步加大国际合作。统计数据显示，中国在纳米领域的国际合作程度明显低于西方国家，而且合作增长的速度也不如美国、法国、德国等国家。随着我国经济社会的发展，综合国力的逐渐增强，越来越多有海外经历的中国科学家回到国内工作，许多外籍科学家也投身于中国的科研和社会建设中。中国的国际合作逐年增加，国际合作朋友圈日益扩大。十多年前，中国的国际合作主要是为了学习国外先进的专业知识或技术，而现在的国际合作则更多是为了寻求知识和技能的互补。中国因在纳米技术领域具有技术专长，在越来越多的国际合作项目中，正发挥重要的领导作用。因此，政府应优化国际合作政策，鼓励基于项目的国际合作，敞开胸怀，“请进来”“走出去”，不拘一格，不求为我所有，但求为我所用。

其次，要加大跨学科研究机制的制定力度。纳米技术是未来的主导技术，从下一代计算机芯片、量子通信、人工智能到未来人类疾病的治疗，这些领域的发展都取决于人们对其在纳米尺度上运转的理解，需要多学科融合思维。即使是来自相近学科的学者，比如物理学和化学，其话语体系的差异往往也很大。打破传统学科之间的界限，建立真正跨学科的研究方法，对于促进纳米技术的发展至关重要。当前，我国大多数科研资助机构还是按照传统学科分类来划分资助项目。多数时候，合作仅限于材料科学家或化学家，尽管也涉及某些不同的子学科方向，这不利于支持像纳米技术这类跨学科领域的多样化发展。在纳米技术领域，亟待建立鼓励化学家与生命科学家、环境科学家甚至是地质科学家开展更广泛的跨学科合作的机制。此外，还要鼓励高等院校、科研院所、高新企业等创新主体，优化评估机制，激励科研人员合作，逐步将离散型科研小分队引导成团结奋进的科研团队，以最大限度地提高科研投入产出比。

培养后备人才

1957年11月17日，毛泽东在莫斯科大学谆谆告诫中国留学生：“世界是你们的，也是我们的，但是归根结底是你们的。你们青年人朝气蓬勃，正在兴旺时期，好像早晨八九点钟的太阳。希望寄托在你们身上。”中国科学院组织记者曾对纳米领域的专家做了专访，专家们共同的心声是：寄望下一代研究者能有更多了不起的想法和灵感，推动纳米技术的创新。国家利用好珍贵的人才资源，确保中国的年轻研究者有足够的研究经费，为他们的事业发展提供支持。

中国政府十分重视人才的培养、选拔与使用，启动了多项针对年轻科学家的高端资助项目。比如，国家自然科学基金委的国家杰出青年科学基金，中央组织部的青年千人计划，中国科学院的百人计划等。越来越多的青年科学家进入这个领域，其中有一些从国外归来，经费申请竞争日益激烈。但是，目前的评估体系偏向于重视过往成就或海外经验，一些有才华、有潜力的青年学者无法获得资助。然而，科学史上许多重要的科学发现是由年轻科学家做出的。王绥琯经统计分析发现：20世纪百年里诺贝尔物理学奖获得者共计159人次，其中30岁以下者占29.9%，40岁以下者占67%，他将此现象称为“科学成就的年龄规律”。他指出：“明日的杰出科学人才，非常有可能产生在今日有志于科学发现的优秀高中生中，而创造机遇是帮助这一群体科技人才被发现并得到造就的重要途径。”为此，国家应该研究对策，改进人才培养与选拔任用机制，激励有潜力的研究者脱颖而出。

百年大计，教育为先。要发展纳米技术，使之可持续发展，提升其跨学科合作的程度，提高研究质量，当务之急是发展教育事业。过去几十年，随着纳米技术的高速发展，许多世界知名大学建立了纳米技术专业，培养了很多硕士和博士研究生。我国政府也十分重视纳米技术人才培养，在中国科学院和著名高等院校相关学术机构设立了纳米专业的硕士、博士点，为国家培养急需人才。仅以中国科学院固体物理研究所为例，20世纪80年代末，固体所在国内率先招收纳米专业研究生，迄今为国家培养、输送了硕士、博士毕业生200多人。随着纳米技术向深度和广度发展，纳米技术人才的培养受到各个层次的重视，逐步形成了本硕博一体化的纳米技术人才培养体系。例如，2010 年，苏州大学成立中国首个纳米科学技术学院，首创连贯式的本科、硕士和博士课程，将教学、科研和纳米技术的应用结合在一起，尝试建立跨学科纳米技术教育体系。已成立的中国科学院大学纳米科学与技术学院，着重把纳米技术研究融入本科和硕士、博士教育，融合多个学科，促进对纳米技术的理解，使之成为学术系统中一个新的跨学科领域。

我国纳米技术高等教育框架已基本搭建完毕，基础教育准备好了吗？高中生准备好了吗？

你准备好了吗

具有创新能力的人一般具备如下7种素质，简称7C素质。

1895年，伦琴（Wilhelm Röntgen）凭借好奇心（Curiosity）和科研兴趣，发现X射线，为开创医疗影像技术铺平了道路，直接影响了20世纪许多重大科学发现。

1882年，瑞利（R. J. S. Rayleigh）唯真求实，刨根问底（Clarify），坚持不懈，通过十年实验，发现并证实了氩气的存在。

1947年，葛庭燧敢于迎接挑战（Challenge），发明了被国际科学界誉为战后最天才发明的金属内耗测量装置（葛氏扭摆），发现了晶粒间隔内耗峰（葛氏峰），奠定了“滞弹性”理论的实验基础。

日本物理学家饭岛澄男抓住机遇（Chance），发现了碳纳米管，他的论文引发了人们对碳纳米管前所未有的兴趣，给纳米技术领域的研究注入了新的活力。

黄昆善于交流（Communication），完成了两项开拓性的学术贡献：提出著名的“黄方程”和“黄散射”；与后来成为他妻子的里斯共同提出“黄－里斯理论”。

1985年，英国化学家克罗托和美国科学家科尔理、斯莫利团结协作（Collaboration），在氦气流中以激光汽化蒸发石墨实验中首次制得由60个碳组成的碳原子簇结构分子C_{60}。

2018年，曹原拥有超强的自信心（Confidence）和承受能力，他不畏权威质疑，顶住舆论压力，不忘初心，坚持实验，最终发现石墨烯非常规超导电性，为超导研究打开了一扇大门。

蕴含在这些科学家身上的7C素质源于科学家的内修外炼，除了先天因素之外，主要靠后天习得。科学家的成长历程为我们中学生树立了标杆，在求学过程中要自觉向他们学习，体会7C素质要旨，打基础、练体魄、磨意志，奋发学习，自强不息，立志未来成长为祖国创新发展的栋梁之材。

20多年来，我国纳米技术从无到有，从小到大，跻身世界第一方阵。然而，我们应该认识到，我国与发达国家之间的科技水平差距还很大，有许多关键技术还受制于人，因此才会发生中兴事件、华为事件。这两个事件告诫我们，核心技术是买不来、要不来、讨不来的，唯有自主创新才能立于世界之林。另外，纳米技术新成果、新发现层出不穷，比如曹原的非常规超导电性等存在许多未解之谜，理论研究亟待加强。

周恩来总理曾立志“为中华之崛起而读书”。总理回眸应笑慰，建设自有后来人。纳米技术在召唤，祖国建设大军在召唤。你做好准备了吗？

丛 书 总 主 编　陈宜瑜
丛书副总主编　于贵瑞　何洪林

中国生态系统定位观测与研究数据集

湖泊湿地海湾生态系统卷

黑龙江三江站

（2000—2015）

宋长春　主编

中国农业出版社
北　京